Python网络爬虫

从入门到进阶实战

明日科技 编著

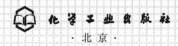

·北京·

内容简介

《Python 网络爬虫从入门到进阶实战》从零基础入门学习者的角度出发，通过通俗易懂的语言、丰富多彩的实例，循序渐进地让读者在实践中学习 Python 网络爬虫知识，并提升自己的实际开发能力。

本书主要介绍了爬虫基础知识、常用网络请求模块的使用（urllib3 模块、Requests 模块、高级网络请求模块）、数据解析与存储（re 模块的正则表达式、XPath 的使用、Beautiful Soup 模块）、爬取动态渲染的数据、多线程爬虫、多进程爬虫、抓取 App 数据、识别验证码、Scrapy 爬虫框架与 Scrapy-Redis 分布式爬虫等内容。

本书知识讲解详细，侧重讲解知识使用场景，涉及的代码给出了详细的注释，可以使读者轻松领会 Python 网络爬虫程序开发的精髓，快速提高开发技能。

本书适合作为 Python 网络爬虫程序开发入门者的自学用书，也适合作为高等院校相关专业的教学参考书，亦可供开发人员查阅、参考。

图书在版编目（CIP）数据

Python网络爬虫从入门到进阶实战 / 明日科技编著. —北京：化学工业出版社，2024.3
ISBN 978-7-122-44834-7

Ⅰ.①P⋯ Ⅱ.①明⋯ Ⅲ.①软件工具-程序设计-教材 Ⅳ.①TP311.561

中国国家版本馆CIP数据核字（2024）第006399号

责任编辑：耍利娜　张　赛　　　文字编辑：袁玉玉　袁　宁
责任校对：边　涛　　　　　　　装帧设计：王晓宇

出版发行：化学工业出版社
（北京市东城区青年湖南街13号　邮政编码100011）
印　装：三河市延风印装有限公司
710mm×1000mm　1/16　印张18¾　字数359千字
2024年3月北京第1版第1次印刷

购书咨询：010-64518888　　　　售后服务：010-64518899
网　　址：http://www.cip.com.cn
凡购买本书，如有缺损质量问题，本社销售中心负责调换。

定　　价：99.00元　　　　　　　　　　版权所有　违者必究

PYTHON

大数据时代，谁拥有了海量的有效数据，谁就拥有了决策的主动权。网络爬虫技术作为自动采集数据的一种有效手段，已经成为了大数据时代必不可少的一项技术。

网络爬虫是一种按照一定的规则，自动抓取互联网海量信息的程序或脚本，其广泛应用于搜索引擎、数据采集、广告过滤、大数据分析等领域。本书通过基础+实战的方式，帮助读者快速掌握Python网络爬虫技能。

本书内容

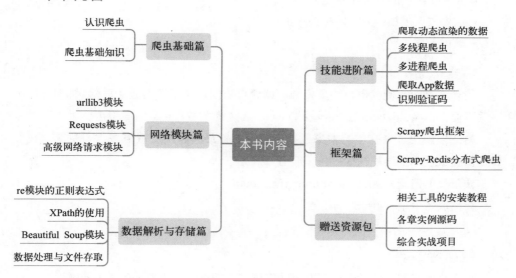

本书特色

1. 轻松学习、介绍全面

本书以使用Python进行网络爬虫用到的相关技术展开讲解，涵盖了爬虫基础、各种网络爬虫模块、数据处理及存储、多线程、多进程、常用爬虫框架等相关知识，对于晦涩难懂的内容结合了大量的示意图和步骤图进行讲解，力求使读者能够轻松学习、零压力学习。

2.实例丰富、学以致用

书中介绍的网络爬虫技术都结合了大量的实例以及非常详细的注释信息,力求使读者能够快速掌握Python网络爬虫技能,提升学习效率,缩短学习路径,学以致用。

3.提升技能、综合运用

通过实际的案例应用,带领读者掌握所学技术在实际中的使用场景,从而快速解决身边的问题,提升综合运用的能力。

4.精彩栏目、贴心提示

本书根据实际学习的需要,设置了"注意""说明"等栏目,辅助读者轻松理解所学知识,规避编程陷阱。

本书读者对象

- Python的编程爱好者;
- 参加毕业设计的学生;
- 相关培训机构的老师和学生;
- 大中专院校的老师和学生;
- 从事数据采集、分析的相关人员;
- 职场人员。

读者服务

关于本书的实例代码与相关资源,读者可访问化学工业出版社官网>服务>资源下载页面:www.cip.com.cn/Service/Download 搜索本书并获取下载链接。

为方便解决读者在学习本书过程中遇到的疑难问题及获取更多学习资源,我们将提供在线技术指导和社区服务。服务方式如下:

质量反馈信箱:mingrisoft@mingrisoft.com。

售后服务电话:4006751066。

QQ群:337212027

致读者

本书由明日科技的Python开发团队策划并组织编写,主要编写人员有李磊、王小科、高春艳、赛奎春、赵宁、张鑫、周佳星、王国辉、葛忠月、宋万勇、田旭、王萍、李颖、杨丽、刘媛媛、依莹莹、吕学丽、钟成浩、徐丹、王欢、张悦、岳彩龙、牛秀丽、段霄雷、宛佳秋、杜明哲、于英鹏等。在编写本书的过程中,我们本着科学、严谨的态度,力求精益求精,但疏漏之处在所难免,敬请广大读者批评斧正。

编著者

第 1 篇　爬虫基础篇

第 1 章　认识爬虫 002
- 1.1　网络爬虫概述 002
- 1.2　网络爬虫的分类 002
- 1.3　网络爬虫的基本原理 003
- 1.4　爬虫环境搭建 004
- 本章知识思维导图 004

第 2 章　爬虫基础知识 005
- 2.1　HTTP 基本原理 005
  - 2.1.1　HTTP 协议 005
  - 2.1.2　HTTP 与 Web 服务器 005
  - 2.1.3　浏览器中的请求和响应 006
- 2.2　HTML 语言 008
  - 2.2.1　什么是 HTML 008
  - 2.2.2　了解 HTML 结构 008
  - 2.2.3　HTML 的基本标签 009
- 2.3　CSS 层叠样式表 011
  - 2.3.1　CSS 概述 011
  - 2.3.2　属性选择器 012

2.3.3　类和 id 选择器　013
2.4　JavaScript 动态脚本语言　013
本章知识思维导图　016

第 2 篇　网络模块篇

第 3 章　urllib3 模块　018

3.1　urllib3 简介　018
3.2　发送网络请求　019
　3.2.1　GET 请求　019
　3.2.2　POST 请求　020
　3.2.3　重试请求　021
　3.2.4　处理响应内容　022
3.3　复杂请求的发送　024
　3.3.1　设置请求头　024
　3.3.2　设置超时　025
　3.3.3　设置代理 IP　026
3.4　上传文件　027
本章知识思维导图　029

第 4 章　Requests 模块　030

4.1　请求方式　030
　4.1.1　GET（不带参）请求　031
　4.1.2　对响应结果进行 utf-8 编码　031
　4.1.3　爬取二进制数据　032
　4.1.4　GET（带参）请求　033
　4.1.5　POST 请求　034
4.2　复杂的网络请求　035
　4.2.1　添加请求头 headers　036

4.2.2　验证 Cookies ………………………………………… 036
　　4.2.3　会话请求 …………………………………………… 038
　　4.2.4　验证请求 …………………………………………… 039
　　4.2.5　网络超时与异常 ……………………………………… 040
　　4.2.6　上传文件 …………………………………………… 041
　4.3　代理服务 ………………………………………………… 043
　　4.3.1　代理的应用 …………………………………………… 043
　　4.3.2　获取免费的代理 IP ……………………………………… 044
　　4.3.3　检测代理 IP 是否有效 …………………………………… 045
　本章知识思维导图 ……………………………………………… 047

第 5 章　高级网络请求模块　048

　5.1　Requests-Cache 的安装与测试 …………………………… 048
　5.2　缓存的应用 ………………………………………………… 049
　5.3　强大的 Requests-HTML 模块 ……………………………… 052
　　5.3.1　使用 Requests-HTML 实现网络请求 …………………… 052
　　5.3.2　数据的提取 …………………………………………… 054
　　5.3.3　获取动态加载的数据 …………………………………… 058
　本章知识思维导图 ……………………………………………… 062

第 3 篇　数据解析与存储篇

第 6 章　re 模块的正则表达式　064

　6.1　使用 search() 方法匹配字符串 …………………………… 064
　　6.1.1　获取第一个指定字符开头的字符串 ……………………… 064
　　6.1.2　可选匹配 ……………………………………………… 065
　　6.1.3　匹配字符串边界 ………………………………………… 066
　6.2　使用 findall() 方法匹配字符串 …………………………… 067
　　6.2.1　匹配所有指定字符开头的字符串 ………………………… 067

6.2.2	贪婪匹配	068
6.2.3	非贪婪匹配	068

6.3 字符串处理 ... 070
    6.3.1 替换字符串 ... 070
    6.3.2 分割字符串 ... 071

6.4 案例：爬取编程 e 学网视频 ... 072
    6.4.1 查找视频页面 ... 072
    6.4.2 分析视频地址 ... 074
    6.4.3 实现视频下载 ... 075

本章知识思维导图 ... 077

第 7 章　XPath 的使用 ... 078

7.1 XPath 概述 ... 078
7.2 XPath 的解析操作 ... 079
    7.2.1 解析 HTML ... 079
    7.2.2 获取所有节点 ... 081
    7.2.3 获取子节点 ... 083
    7.2.4 获取父节点 ... 085
    7.2.5 获取文本 ... 086
    7.2.6 属性匹配 ... 087
    7.2.7 获取属性 ... 089
    7.2.8 按序获取属性值 ... 090
    7.2.9 使用节点轴获取节点内容 ... 091

7.3 案例：爬取豆瓣电影 Top250 ... 093
    7.3.1 分析请求地址 ... 093
    7.3.2 分析信息位置 ... 094
    7.3.3 爬虫代码的实现 ... 095

本章知识思维导图 ... 097

第 8 章　Beautiful Soup 模块 ... 098

8.1 使用 Beautiful Soup 解析数据 ... 098

- 8.1.1 Beautiful Soup 的安装 ... 098
- 8.1.2 解析器 ... 099
- 8.1.3 Beautiful Soup 的简单应用 ... 100
- 8.2 获取节点内容 ... 101
  - 8.2.1 获取节点对应的代码 ... 101
  - 8.2.2 获取节点属性 ... 103
  - 8.2.3 获取节点包含的文本内容 ... 104
  - 8.2.4 嵌套获取节点内容 ... 105
  - 8.2.5 关联获取 ... 106
- 8.3 调用方法获取内容 ... 111
  - 8.3.1 find_all()——获取所有符合条件的内容 ... 111
  - 8.3.2 find()——获取第一个匹配的节点内容 ... 115
  - 8.3.3 其他方法 ... 116
- 8.4 CSS 选择器 ... 117
- 本章知识思维导图 ... 120

第 9 章 数据处理与文件存取 ... 121

- 9.1 了解 pandas 数据结构 ... 121
  - 9.1.1 Series 对象 ... 121
  - 9.1.2 DataFrame 对象 ... 124
- 9.2 数据处理 ... 126
  - 9.2.1 增添数据 ... 126
  - 9.2.2 删除数据 ... 126
  - 9.2.3 修改数据 ... 127
  - 9.2.4 查询数据 ... 128
- 9.3 NaN 数据处理 ... 130
- 9.4 去除重复数据 ... 133
- 9.5 文件的存取 ... 135
  - 9.5.1 基本文件操作 TXT ... 135
  - 9.5.2 存取 CSV 文件 ... 140
  - 9.5.3 存取 Excel 文件 ... 143

9.6 MySQL 数据库的使用 …………………………………………………………… 144
9.6.1 连接数据库 …………………………………………………………………… 144
9.6.2 创建数据表 …………………………………………………………………… 145
9.6.3 操作 MySQL 数据表 ………………………………………………………… 146
本章知识思维导图 ………………………………………………………………… 148

第 4 篇　技能进阶篇

第 10 章　爬取动态渲染的数据 …………………………………………………… 150
10.1 Ajax 数据的爬取 ……………………………………………………………… 150
10.2 使用 selenium 爬取动态加载的信息 ………………………………………… 154
10.2.1 安装 selenium 模块 ………………………………………………………… 154
10.2.2 下载浏览器驱动 …………………………………………………………… 154
10.2.3 selenium 模块的使用 ……………………………………………………… 155
10.3 Splash 的爬虫应用 …………………………………………………………… 157
10.3.1 Splash 中的 HTTP API …………………………………………………… 158
10.3.2 执行 lua 自定义脚本 ……………………………………………………… 161
本章知识思维导图 ………………………………………………………………… 163

第 11 章　多线程爬虫 ……………………………………………………………… 164
11.1 进程与线程 …………………………………………………………………… 164
11.1.1 什么是进程 ………………………………………………………………… 164
11.1.2 什么是线程 ………………………………………………………………… 165
11.2 创建线程 ……………………………………………………………………… 165
11.2.1 使用 threading 模块创建线程 …………………………………………… 165
11.2.2 使用 Thread 子类创建线程 ……………………………………………… 166
11.3 线程间通信 …………………………………………………………………… 167
11.3.1 什么是互斥锁 ……………………………………………………………… 168
11.3.2 使用互斥锁 ………………………………………………………………… 169

  11.3.3　使用队列在线程间通信 …………………………………………… 170
 11.4　多线程爬虫 …………………………………………………………………… 172
 本章知识思维导图 …………………………………………………………………… 178

第 12 章　多进程爬虫　179

 12.1　创建进程 ……………………………………………………………………… 179
  12.1.1　使用 multiprocessing 模块创建进程 ……………………………… 179
  12.1.2　使用 Process 子类创建进程 ………………………………………… 183
  12.1.3　使用进程池 Pool 创建进程 ………………………………………… 184
 12.2　进程间通信 …………………………………………………………………… 187
  12.2.1　队列简介 ……………………………………………………………… 188
  12.2.2　多进程队列的使用 …………………………………………………… 189
  12.2.3　使用队列在进程间通信 ……………………………………………… 191
 12.3　多进程爬虫 …………………………………………………………………… 192
 本章知识思维导图 …………………………………………………………………… 197

第 13 章　爬取 App 数据　198

 13.1　Charles 工具的下载与安装 ………………………………………………… 198
 13.2　SSL 证书的安装 ……………………………………………………………… 202
  13.2.1　安装 PC 端证书 ……………………………………………………… 202
  13.2.2　设置代理 ……………………………………………………………… 206
  13.2.3　配置网络 ……………………………………………………………… 207
  13.2.4　安装手机端证书 ……………………………………………………… 210
 13.3　案例：爬取 App 数据 ………………………………………………………… 213
 本章知识思维导图 …………………………………………………………………… 215

第 14 章　识别验证码　216

 14.1　字符验证码 …………………………………………………………………… 216
  14.1.1　搭建 OCR 环境 ……………………………………………………… 216
  14.1.2　下载验证码图片 ……………………………………………………… 218

14.1.3　识别验证码 …… 219
14.2　第三方验证码识别 …… 221
14.3　滑动拼图验证码 …… 225
本章知识思维导图 …… 228

第 5 篇　框架篇

第 15 章　Scrapy 爬虫框架 …… 230

15.1　了解 Scrapy 爬虫框架 …… 230
15.2　搭建 Scrapy 爬虫框架 …… 231
15.2.1　使用 Anaconda 安装 Scrapy …… 231
15.2.2　Windows 系统下配置 Scrapy …… 233
15.3　Scrapy 的基本应用 …… 235
15.3.1　创建 Scrapy 项目 …… 235
15.3.2　创建爬虫 …… 236
15.3.3　获取数据 …… 240
15.3.4　将爬取的数据保存为多种格式的文件 …… 243
15.4　编写 Item Pipeline …… 244
15.4.1　项目管道的核心方法 …… 244
15.4.2　将信息存储到数据库中 …… 245
15.5　自定义中间件 …… 248
15.5.1　设置随机请求头 …… 249
15.5.2　设置 Cookies …… 252
15.5.3　设置代理 ip …… 255
15.6　文件下载 …… 257
本章知识思维导图 …… 260

第 16 章　Scrapy-Redis 分布式爬虫　261

　　16.1　安装 Redis 数据库　261
　　16.2　Scrapy-Redis 模块　264
　　16.3　分布式爬取新闻数据　265
　　16.4　自定义分布式爬虫　277
　　本章知识思维导图　285

第1篇
爬虫基础篇

第 1 章

认识爬虫

> **本章学习目标**
> - ☑ 了解什么是网络爬虫
> - ☑ 熟练掌握网络爬虫的基本分类
> - ☑ 了解网络爬虫的基本原理
> - ☑ 掌握在 Windows 系统下搭建开发环境
> - ☑ 掌握在 Linux 系统下搭建开发环境

1.1 网络爬虫概述

网络爬虫(又被称作网络蜘蛛、网络机器人等可以按照指定的规则(网络爬虫的算法)自动浏览或抓取网络中的信息,通过 Python 可以很轻松地编写爬虫程序或者脚本。

网络爬虫其实很常见,因为很多搜索引擎都是基于网络爬虫实现的。例如,百度搜索引擎的爬虫名字叫作百度蜘蛛(Baiduspider)。百度蜘蛛是百度搜索引擎的一个自动程序。它每天都会在海量的互联网信息中进行爬取,收集并整理互联网上的文字、图片、视频等信息。当用户在百度搜索引擎中输入对应的关键词时,百度将从收集的网络信息中找出相关的内容,按照一定的顺序将信息展现给用户。采用不同的算法,爬虫的工作效率也会有所不同,爬取的结果也会有所差异。所以,在学习爬虫的时候不仅需要了解爬虫的实现过程,还需要了解一些常见的爬虫算法。在特定的情况下,还需要开发者自己制定相应的算法。

1.2 网络爬虫的分类

网络爬虫按照实现的技术和结构可以分为以下几种类型:通用网络爬虫、聚焦网络爬虫、增量式网络爬虫、深层网络爬虫等类型。在实际的网络爬虫中，通常是这几类爬虫的组合体。

（1）通用网络爬虫

通用网络爬虫又叫作全网爬虫（Scalable Web Crawler），通用网络爬虫的爬行范围和数量巨大，正是由于其爬取的数据是海量数据，所以对于爬行速度和存储空间的要求较高。通用网络爬虫对爬行页面的顺序要求相对较低，同时由于待刷新的页面太多，通常采用并行工作方式，所以需要较长时间才可以刷新一次页面。这种网络爬虫主要应用于大型搜索引擎中，有非常高的应用价值。通用网络爬虫主要由初始URL集合、URL队列、页面爬行模块、页面分析模块、页面数据库、链接过滤模块等构成。

（2）聚焦网络爬虫

聚焦网络爬虫（Focused Crawler）也叫主题网络爬虫（Topical Crawler），是指按照预先定义好的主题，有选择地进行相关网页爬取的一种爬虫。它和通用网络爬虫相比，不会将目标资源定位在整个互联网当中，而是将爬取的目标网页定位在与主题相关的页面中。它极大地节省了硬件和网络资源，也由于保存的数据量少而速度更快了。聚焦网络爬虫主要应用在对特定信息的爬取，为某一类特定的需求提供服务。

（3）深层网络爬虫

在互联网中，Web页面按存在方式可以分为表层网页（Surface Web）和深层网页（Deep Web），表层网页指的是不需要提交表单，使用静态的超链接就可以直接访问的静态页面。深层网页指的是那些大部分内容不能通过静态链接获取的、隐藏在搜索表单后面的，需要用户提交一些请求才能获得的Web页面。

1.3 网络爬虫的基本原理

一个通用的网络爬虫基本工作流程如图1.1所示。

网络爬虫的基本工作流程如下：

① 获取初始的URL，该URL地址通常是用户指定的网页。

② 爬取对应URL地址的网页时，获取新的URL地址。

③ 将新的URL地址放入URL队列中。

④ 从URL队列中读取新的URL，然后依据新的URL爬取网页，同时从新的

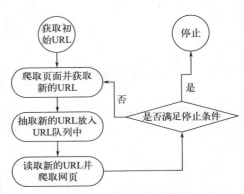

图1.1 通用的网络爬虫基本工作流程

网页中获取新的URL地址，重复上述的爬取过程。

⑤ 设置停止条件，如果没有设置停止条件，爬虫会一直爬取下去，直到无法获取新的URL地址为止。设置了停止条件后，爬虫将会在满足停止条件时停止爬取。

1.4 爬虫环境搭建

因Python及相关第三方库、PyCharm等工具的版本时有更新，不同操作系统（如Windows与Linux）的用户在搭建开发环境时常会遇到不同的问题。因此，针对这部分内容，我们提供电子文档（详见随书附赠的资源包），以指引读者获取这些工具并顺利部署开发环境。

本章知识思维导图

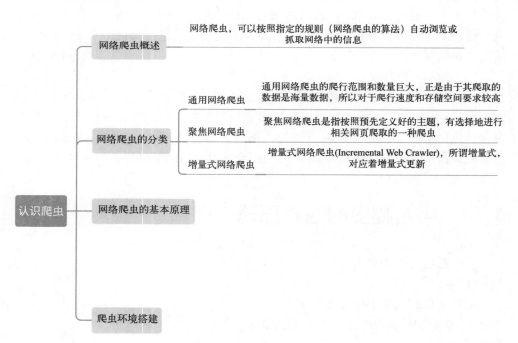

第 2 章

爬虫基础知识

本章学习目标
- 掌握 HTTP 基本原理
- 了解 HTML 语言
- 了解 CSS 层叠样式表
- 了解 JavaScript 动态脚本语言

2.1 HTTP 基本原理

2.1.1 HTTP 协议

HTTP（Hyper Text Transfer Protocol），即超文本传输协议，是互联网上应用最为广泛的一种网络协议。HTTP 利用 TCP/IP 协议在 Web 服务器和客户端之间传输信息的协议。客户端使用 Web 浏览器发起 HTTP 请求给 Web 服务器，Web 服务器发送被请求的信息给客户端。

2.1.2 HTTP 与 Web 服务器

当通过浏览器访问 URL 时，浏览器会先请求 DNS 服务器，获得请求站点的 IP 地址（如根据URL地址"www.mingrisoft.com"获取其对应的IP地址为101.201.120.85，然后发送一个HTTP Request（请求）给拥有该IP的主机（明日学院的阿里云服务器），接着就会接收到服务器返回的 HTTP Response（响应），最终，浏览器将网页内容渲染后，以一种较好的效果呈现给用户。HTTP 基本原理如图 2.1 所示。

图 2.1 HTTP 基本原理

Web服务器的工作原理可以概括为以下4步。

① 建立连接：客户端通过TCP/IP协议建立到服务器的TCP连接。

② 请求过程：客户端向服务器发送HTTP协议请求包，请求服务器里的资源文档。

③ 应答过程：服务器向客户端发送HTTP协议应答包，如果请求的资源包含动态语言的内容，那么服务器会调用动态语言的解释引擎处理"动态内容"，并将处理后得到的数据返回给客户端。由客户端解释HTML文档，并在客户端屏幕上渲染图形结果。

④ 关闭连接：客户端与服务器断开。

步骤②客户端向服务器端发起请求时，常用的请求方法如表2.1所示。

表2.1　HTTP协议的常用请求方法

方法	描述
GET	请求指定的页面信息，并返回响应内容
POST	向指定资源提交数据进行处理请求（例如提交表单或者上传文件）。数据被包含在请求体中。POST请求可能会导致新的资源的建立和/或已有资源的修改
HEAD	类似于GET请求，只不过返回的响应中没有具体的内容，用于获取报文头部信息
PUT	从客户端向服务器传送的数据取代指定的文档内容
DELETE	请求服务器删除指定的页面
OPTIONS	允许客户端查看服务器的性能

步骤③服务器返回给客户端的状态码，可以分为5种类型，由它们的第一位数字表示，如表2.2所示。

表2.2　HTTP状态码含义

代码	含义
1**	信息，请求收到，继续处理
2**	成功，行为被成功地接受、理解和采纳
3**	重定向，为了完成请求，必须进一步执行的动作
4**	客户端错误，请求包含语法错误或者请求无法实现
5**	服务器错误，服务器不能实现一种明显无效的请求

例如，状态码为200，表示请求成功已完成；状态码为404，表示服务器找不到指定的资源。

2.1.3　浏览器中的请求和响应

例如使用谷歌浏览器访问明日学院官网，查看请求和响应的流程具体步骤如下：

① 在谷歌浏览器中输入网址www.mingrisoft.com，按下"Enter"键，进入明

日学院官网。

② 按下"F12"键（或单击鼠标右键，选择"检查"选项），审查页面元素，效果如图2.2所示。

图2.2　打开谷歌浏览器调试工具

③ 单击谷歌浏览器调试工具的"Network"选项，按下"F5"键（或手动刷新页面），单击调试工具中"Name"栏目下的"www.mingrisoft.com"，查看请求与响应的信息。如图2.3所示。

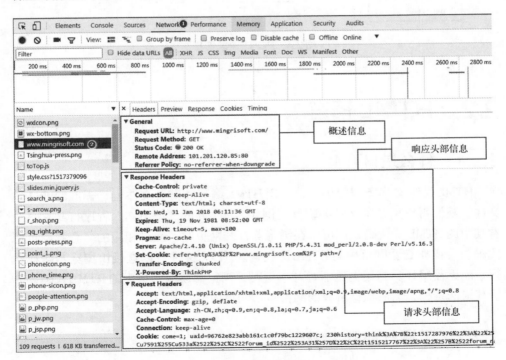

图2.3　请求与响应的信息

从图2.3中得知General概述关键信息如下：

- Request URL：请求的URL地址，也就是服务器的URL地址。
- Request Method：请求方式是GET。
- Status Code：状态码是200，即成功返回响应。
- Remote Address：服务器IP地址是101.201.120.85，端口号是80。

如果我们在浏览器中打开的是一个"登录"页面，输入"账号"与"密码"后，单击"登录"按钮时将发送一个POST请求，此时浏览器的请求信息如图2.4所示。

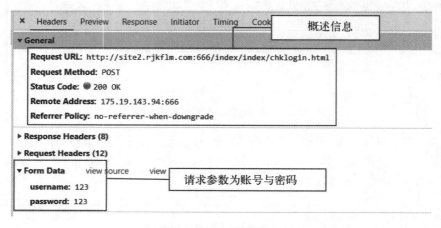

图2.4　POST请求信息

2.2　HTML 语言

2.2.1　什么是HTML

HTML是纯文本类型的语言，使用HTML编写的网页文件也是标准的纯文本文件。我们可以用多种文本编辑器，例如Windows的"记事本"程序打开它，查看其中的HTML源代码，也可以在浏览器打开网页时，通过相应的"查看网页源代码"等操作查看网页中的HTML源代码。HTML文件可以直接由浏览器解释执行，而无需编译。当用浏览器打开网页时，浏览器读取网页中的HTML代码，分析其语法结构，然后根据解释的结果显示网页内容。

2.2.2　了解HTML结构

我们先来看一个基本的HTML文档，具体代码如图2.5所示。

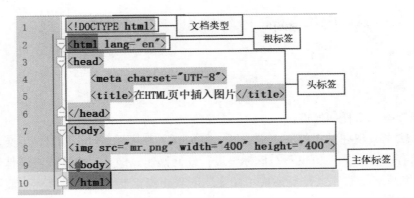

图2.5 一个基本的HTML文档

在图2.5所示的代码中，第1行代码用于指定文档的类型；第2行和第10行，为HTML文档的根标签，也就是<html>标签；第3行和第6行为头标签，也就是<head>标签；第7行和第9行为主体标签，也就是<body>标签。

图2.5所示代码的运行结果如图2.6所示。

图2.6 一个简单的HTML文档的运行结果

2.2.3 HTML的基本标签

（1）文件开始标签<html>

在任何的一个HTML文件里，最先出现的HTML标签就是<html>，它用于表示该文件是以超文本标识语言（HTML）编写的。<html>是成对出现的，首标签<html>和尾标签</html>分别位于文件的最前面和最后面，文件中的所有文件和

HTML标签（元素）都包含在其中。例如：

```
<html>
文件的全部内容
</html>
```

该标签不带任何属性。

事实上，现在常用的Web浏览器（例如IE）都可以自动识别HTML文件，并不要求有<html>标签，也不对该标签进行任何操作。但是，为了提高文件的适用性，使编写的HTML文件能适应不断变化的Web浏览器，还是应该养成使用这个标签的习惯。

HTML文件的标签是可以嵌套的，即在一对标签中可以嵌入另一对子标签，用来规定母标签所含范围的属性或其中某一部分内容，如嵌套在<html>标签中的<head>标签和<body>标签等。

（2）文件头部标签<head>

习惯上，把HTML文件分为文件头和文件主体两个部分。文件主体部分就是在Web浏览器窗口的用户区内看到的内容，而文件头部分用来规定该文件的标题（出现在Web浏览器窗口的标题栏中）和文件的一些属性。

<head>是一个表示网页头部的标签。在由<head>标签所定义的元素中，并不放置网页的任何内容，而是放置关于HTML文件的信息，也就是说它并不属于HTML文件的主体。它包含文件的标题、编码方式及URL等信息。这些信息大部分用于提供索引、辨认或其他方面的应用。

> **说明** 如果HTML文件并不需要提供相关信息时，可以省略<head>标签。

（3）文件标题标签<title>

每个HTML文件都需要有一个文件名称。在浏览器中，文件名称作为窗口名称显示在该窗口的最上方。这对浏览器的收藏功能很有用。如果浏览者认为某个网页对自己很有用，今后想经常阅读，可以选择IE浏览器"收藏"菜单中的"添加到收藏夹"命令将它保存起来，供以后调用。网页的名称要写在<title>和</title>之间，并且<title>标签应包含在<head>与</head>标签之中。

（4）元信息标签<meta>

meta元素提供的信息是用户不可见的，它不显示在页面中，一般用来定义页面信息的名称、关键字、作者等。在HTML中，meta标记不需要设置结束标记，在一个尖括号内就是一个meta内容，而在一个HTML头标签中可以有多个meta元素。meta元素的属性有两种：name和http-equiv。其中name属性主要用于描述网页，以便于搜索引擎查找、分类。

（5）页面的主体标签<body>

网页的主体部分以<body>标记开始，以</body>结束。在网页的主体标签中有很多的属性设置，如表2.3所示。

表2.3 <body>元素的属性

属性	描述
text	设定页面文字的颜色
bgcolor	设定页面背景的颜色
background	设定页面的背景图像
bgproperties	设定页面的背景图像为固定，不随页面的滚动而滚动
link	设定页面默认的链接颜色
alink	设定鼠标正在单击时的链接颜色
vlink	设定访问过后的链接颜色
topmargin	设定页面的上边距
leftmargin	设定页面的左边距

2.3 CSS 层叠样式表

2.3.1 CSS概述

CSS是Cascading Style Sheets（层叠样式表）的缩写。CSS 是一种标记语言，用于为HTML文档定义布局。例如，CSS涉及字体、颜色、边距、高度、宽度、背景图像、高级定位等方面。运用CSS样式可以让页面变得美观，就像化妆前和化妆后的效果一样。如图2.7所示。

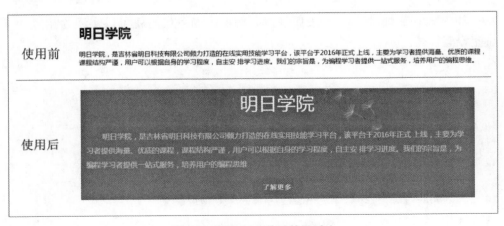

图2.7 使用CSS前后效果对比

CSS可以改变HTML中标签的样式，那么CSS是如何改变它的样式的呢？简单地说，就是告诉CSS三个问题，即改变谁，改什么，怎么改。告诉CSS改变谁时就需要用到选择器。选择器用来选择标签，比如ID选择器就是通过ID来选择标签，类选择器就是通过类名选择标签。然后告诉CSS改变这个标签的什么属性；最后指定这个属性的属性值。

2.3.2 属性选择器

属性选择器就是通过属性来选择标签，这些属性既可以是标准属性（HTML中默认该有的属性，例如input标签中的type属性），也可以是自定义属性。

在HTML中，通过各种各样的属性，可以给元素增加很多附加信息。例如，在一个HTML页面中，插入了多个p标签，并且为每个p标签设定了如字体大小、颜色等。示例代码如下：

```
01  <p font="fontsize">编程图书</p>        <!--设置font属性的属性值为fontsize-->
02  <p color="red">PHP编程</p>             <!--设置color属性的属性值为red-->
03  <p color="red">Java编程</p>            <!--设置color属性的属性值为red-->
04  <p font="fontsize">当代文学</p>        <!--设置font属性的属性值为fontsize-->
05  <p color="green">盗墓笔记</p>          <!--设置color属性的属性值为green-->
06  <p color="green">明朝那些事</p>        <!--设置color属性的属性值为green-->
```

在HTML中为标签添加属性之后，就可以在CSS中使用属性选择器选择对应的标签，来改变样式。在使用属性选择器时，需要声明属性与属性值，声明方法如下：

```
[att=val]{}
```

其中att代表属性，val代表属性值。例如，如下代码就可以实现为相应的p标签设置样式。

```
07  [color=red]{            /*选择所有color属性的属性值为red的标签*/
08      color: red;         /*设置其字体颜色为红色*/
09  }
10  [color=green]{          /*选择所有color属性的属性值为green的p标签*/
11      color: green;       /*设置其字体颜色为绿色*/
12  }
13  [font=fontsize]{        /*选择所有font属性的属性值为fontsize的p标签*/
14      font-size: 20px;    /*设置其字体大小为20像素*/
15  }
```

> **注意** 给元素定义属性和属性值时，可以任意定义属性，但是要尽量做到"见名知意"，也就是看到这个属性名和属性值，自己能看明白，设置这个属性的用意。

2.3.3 类和id选择器

在CSS中，除了属性选择器，类和id选择器也是受到广泛支持的选择器。id选择器是通过HTML页面中的id属性来进行选择，与类别选择器基本相同，但需要注意的是由于HTML页面中不能包含有两个相同的id标记，因此定义的id选择器最多只能选取一个元素。id选择器前面有一个"#"号，也称为棋盘号或井号。语法如下：

```
#intro{color:red;}
```

类别选择器的名称由用户自己定义，并以"."号开头，定义的属性与属性值也要遵循CSS规范。要应用类别选择器的HTML标记，只需使用class属性来声明即可。语法如下：

```
.intro{color:red;}
```

第二个区别是id选择器引用id属性的值，而类选择器引用的是class属性的值。

> **注意** 在一个网页中标签的class属性可以定义多个，而id属性只能定义一个。比如一个页面中只能有一个标签的id的属性值为"intro"。

2.4 JavaScript 动态脚本语言

通常，我们所说的前端就是指HTML、CSS和JavaScript三项技术。
- ☑ HTML：定义网页的内容。
- ☑ CSS：描述网页的样式。
- ☑ JavaScript：描述网页的行为。

JavaScript是一种可以嵌入在HTML代码中由客户端浏览器运行的脚本语言。在网页中使用JavaScript代码，不仅可以实现网页特效，还可以响应用户请求实现动态交互的功能。例如，在用户注册页面中，需要对用户输入信息的合法性进行验证，包括是否填写了"邮箱"和"手机号"，填写的"邮箱"和"手机号"格式是否正确等。JavaScript验证邮箱是否为空的效果如图2.8所示。

图 2.8　JavaScript 验证为空

> **说明**　编辑 JavaScript 程序可以使用任何一种文本编辑器，如 Windows 中的记事本、写字板等应用软件。由于 JavaScript 程序可以嵌入 HTML 文件中，因此，读者可以使用任何一种编辑 HTML 文件的工具软件，如 Dreamweaver 和 WebStorm 等。

通常情况下，在 Web 页面中使用 JavaScript 有以下两种方法，一种是在页面中直接嵌入 JavaScript 代码，另一种是链接外部 JavaScript 文件。下面分别对这两种方法进行介绍。

（1）在页面中直接嵌入 JavaScript 代码

在 HTML 文档中可以使用 <script>…</script> 标签将 JavaScript 脚本嵌入到其中。在 HTML 文档中可以使用多个 <script> 标签，每个 <script> 标签中可以包含多个 JavaScript 的代码集合。<script> 标签常用的属性及说明如表 2.4 所示。

表 2.4　<script> 标签常用的属性及说明

属性值	含义
language	设置所使用的脚本语言及版本
src	设置一个外部脚本文件的路径位置
type	设置所使用的脚本语言，此属性已代替 language 属性
defer	此属性表示当 HTML 文档加载完毕后再执行脚本语言

在HTML页面中直接嵌入JavaScript代码,如图2.9所示。

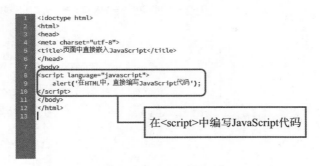

图2.9 在HTML中直接嵌入JavaScript代码

> **注意** <script> 标签可以放在 Web 页面的 <head></head> 标签中,也可以放在 <body></body> 标签中。

(2)链接外部 JavaScript 文件

在 Web 页面中引入 JavaScript 的另一种方法是采用链接外部 JavaScript 文件的形式。如果脚本代码比较复杂或是同一段代码可以被多个页面所使用,则可以将这些脚本代码放置在一个单独的文件中(保存文件的扩展名为.js),然后在需要使用该代码的 Web 页面中链接该 JavaScript 文件即可。在 Web 页面中链接外部 JavaScript 文件的语法格式如下:

```
<script language="javascript" src="your-Javascript.js"></script>
```

在HTML页面中链接外部JavaScript代码,如图2.10所示。

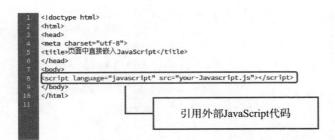

图2.10 调用外部 JavaScript 文件

> **注意** 在外部 Javascript 文件中,不需要将脚本代码用 <script> 和 </script> 标签括起来。

本章知识思维导图

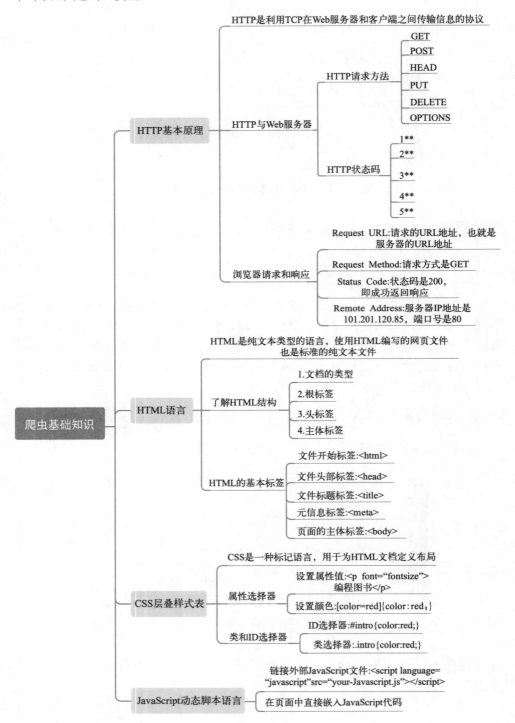

第 2 篇
网络模块篇

第 3 章

urllib3模块

本章学习目标
- ☑ 掌握 urllib3 模块的使用
- ☑ 学会使用 urllib3 模块发送网络请求
- ☑ 学会使用 urllib3 模块处理复杂的网络请求
- ☑ 掌握上传文件的方法

3.1 urllib3 简介

urllib3是一个功能强大、条理清晰，用于HTTP客户端的Python库，许多Python的原生系统已经开始使用urllib3。urllib3具有很多Python标准库里所没有的重要特性：
- ◆ 线程安全。
- ◆ 连接池。
- ◆ 客户端SSL/TLS验证。
- ◆ 使用multipart编码上传文件。
- ◆ Helpers用于重试请求并处理HTTP重定向。
- ◆ 支持gzip和deflate编码。
- ◆ 支持HTTP和SOCKS代理。
- ◆ 100%的测试覆盖率。

由于urllib3模块为第三方模块，如果读者没有使用Anaconda，需要单独在cmd命令提示符窗口中，使用pip命令进行模块的安装。安装命令如下：

```
pip install urllib3
```

3.2 发送网络请求

3.2.1 GET 请求

使用 urllib3 模块发送网络请求时，首先需要创建 PoolManager 对象，通过该对象调用 request() 方法来实现网络请求的发送。request() 方法的语法格式如下：

```
request (method, url, fields = None, headers = None, ** urlopen_kw )
```

常用参数说明：
- method：必选参数，用于指定请求方式，如 GET、POST、PUT 等。
- url：必选参数，用于设置需要请求的 url 地址。
- fields：可选参数，用于设置请求参数。
- headers：可选参数，用于设置请求头。

实例 3.1 使用 request() 方法实现 GET 请求

使用 request() 方法实现 GET 请求的示例代码如下：

```
01  import urllib3              # 导入urllib3模块
02  url = "http://httpbin.org/get"
03  http = urllib3.PoolManager()         # 创建连接池管理对象
04  r = http.request('GET',url)          # 发送GET请求
05  print(r.status)                      # 打印请求状态码
```

程序运行结果如下：

```
200
```

实例 3.2 使用 PoolManager 对象向多个服务器发送请求

一个 PoolManager 对象就是一个连接池管理对象，通过该对象可以实现向多个服务器发送请求。示例代码如下：

```
01  import urllib3              # 导入urllib3模块
02  urllib3.disable_warnings()                    # 关闭ssl警告
03  jingdong_url = 'https://www.jd.com/'          # 京东url地址
04  python_url = 'https://www.python.org/'        # Python url地址
05  baidu_url = 'https://www.baidu.com/'          # 百度url地址
06  http = urllib3.PoolManager()                  # 创建连接池管理对象
07  r1 = http.request('GET',jingdong_url)         # 向京东地址发送GET请求
08  r2 = http.request('GET',Python_url)           # 向Python地址发送GET请求
```

```
09  r3 = http.request('GET',baidu_url)          # 向百度地址发送GET请求
10  print('京东请求状态码: ',r1.status)
11  print('python请求状态码: ',r2.status)
12  print('百度请求状态码: ',r3.status)
```

程序运行结果如下：

```
京东请求状态码：200
python请求状态码：200
百度请求状态码：200
```

3.2.2　POST请求

实例 3.3　使用 request() 方法实现 POST 请求

使用urllib3模块向服务器发送POST请求时并不复杂，与发送GET请求相似，只是需要在request()方法中将method参数设置为"POST"，然后将fields参数设置为字典类型的表单参数。示例代码如下：

```
01  import urllib3                              # 导入urllib3模块
02  urllib3.disable_warnings()                  # 关闭ssl警告
03  url = 'https://www.httpbin.org/post'        # POST请求测试地址
04  params = {'name':'Jack','chinese_name':'杰克','age':30}   # 定义字典类型
    的请求参数
05  http = urllib3.PoolManager()                # 创建连接池管理对象
06  r = http.request('POST',url,fields=params)  # 发送POST请求
07  print('返回结果: ',r.data.decode('utf-8'))
```

程序运行结果如图3.1所示。

```
返回结果: {
  "args": {},
  "data": "",
  "files": {},
  "form": {                                ← 返回的表单信息
    "age": "30",
    "chinese_name": "\u6770\u514b",
    "name": "Jack"
  },
  "headers": {
    "Accept-Encoding": "identity",
    "Content-Length": "312",
    "Content-Type": "multipart/form-data; boundary=e7421f72fbffdf23f0e6cd8cd32bd22a",
    "Host": "www.httpbin.org",
    "User-Agent": "python-urllib3/1.26.9",
    "X-Amzn-Trace-Id": "Root=1-62f31498-6cf83ad86fb219906b9f84a5"
  },
  "json": null,
  "origin": "119.48.233.25",
  "url": "https://www.httpbin.org/post"
}
```

图3.1　返回的请求结果

从图3.1的运行结果中可以看出,JSON信息中的form对应的数据为表单参数,只是chinese_name所对应的并不是"杰克"而是一段unicode编码,对于这样的情况,可以将请求结果的编码方式设置为"unicode_escape"。关键代码如下:

```
print(r.data.decode('unicode_escape'))
```

程序运行结果中返回的表单参数内容如图3.2所示。

```
"form": {
  "age": "30",
  "chinese_name": "杰克",
  "name": "Jack"
},
```

图3.2　返回的表单参数

3.2.3　重试请求

实例3.4　通过 retries 参数设置重试请求

urllib3可以自动重试请求,这种相同的机制还可以处理重定向。在默认情况下request()方法的请求重试次数为3次,如果需要修改重试次数可以设置retries参数。修改重试次数的示例代码如下:

```
01  import urllib3                                    # 导入urllib3模块
02  urllib3.disable_warnings()                        # 关闭ssl警告
03  url = 'https://www.httpbin.org/get'               # GET请求测试地址
04  http = urllib3.PoolManager()                      # 创建连接池管理对象
05  r = http.request('GET',url)                       # 发送GET请求,默认重试请求
06  r1 = http.request('GET',url,retries=5)            # 发送GET请求,设置5次重试请求
07  r2 = http.request('GET',url,retries=False)        # 发送GET请求,关闭重试请求
08  print('默认重试请求次数:',r.retries.total)
09  print('设置重试请求次数:',r1.retries.total)
10  print('关闭重试请求次数:',r2.retries.total)
```

程序运行结果如下:

```
默认重试请求次数:3
设置重试请求次数:5
关闭重试请求次数:False
```

3.2.4 处理响应内容

（1）获取响应头

实例 3.5 获取响应头信息

发送网络请求后，将返回一个HTTPResponse对象，通过该对象中的info()方法即可获取HTTP响应头信息，该信息为字典（dict）类型的数据，所以需要通过for循环进行遍历才可清晰地看到每条响应头信息内容。示例代码如下：

```
01  import urllib3                          # 导入urllib3模块
02  urllib3.disable_warnings()              # 关闭ssl警告
03  url = 'https://www.httpbin.org/get'     # GET请求测试地址
04  http = urllib3.PoolManager()            # 创建连接池管理对象
05  r = http.request('GET',url)             # 发送GET请求，默认重试请求
06  response_header = r.info()              # 获取响应头
07  for key in response_header.keys():      # 循环遍历打印响应头信息
08      print(key,':',response_header.get(key))
```

程序运行结果如下：

```
Date : Tue, 16 Jun 2020 07:52:27 GMT
Content-Type : application/json
Content-Length : 243
Connection : keep-alive
Server : gunicorn/19.9.0
Access-Control-Allow-Origin : *
Access-Control-Allow-Credentials : true
```

（2）JSON信息

实例 3.6 处理服务器返回的 JSON 信息

如果服务器返回了一条JSON信息，而这条信息中只有某条数据为可用数据时，可以先将返回的JSON数据转换为字典（dict）数据，接着直接获取指定键所对应的值即可。示例代码如下：

```
01  import urllib3           # 导入urllib3模块
02  import json              # 导入json模块
03  urllib3.disable_warnings()                       # 关闭ssl警告
04  url = 'https://www.httpbin.org/post'  # POST请求测试地址
05  params = {'name':'Jack','country':'中国','age':30}  # 定义字典类型的请求参数
```

```
06  http = urllib3.PoolManager()                    # 创建连接池管理对象
07  r = http.request('POST',url,fields=params)      # 发送POST请求
08  j = json.loads(r.data.decode('unicode_escape')) # 将响应数据转换为字典
类型
09  print('数据类型: ',type(j))
10  print('获取form对应的数据: ',j.get('form'))
11  print('获取country对应的数据: ',j.get('form').get('country'))
```

程序运行结果如下：

```
数据类型: <class 'dict'>
获取form对应的数据: {'age': '30', 'country': '中国', 'name': 'Jack'}
获取country对应的数据: 中国
```

（3）二进制数据

实例 3.7 处理服务器返回二进制数据

如果响应数据为二进制数据，也可以做出相应的处理。例如，响应内容为图片的二进制数据时，则可以使用open()函数，将二进制数据转换为图片。示例代码如下：

```
01  import urllib3                    # 导入urllib3模块
02  urllib3.disable_warnings()        # 关闭ssl警告
03  url = 'http://test.mingribook.com/spider/file/python.png'  # 图片请求地址
04  http = urllib3.PoolManager()      # 创建连接池管理对象
05  r = http.request('GET',url)       # 发送网络请求
06  print(r.data)                     # 打印二进制数据
07  f = open('python.png','wb+')      # 创建open对象
08  f.write(r.data)                   # 写入数据
09  f.close()                         # 关闭
```

程序运行结果如下：

```
b'\x89PNG\r\n\x1a\n\x00\x00\x00\......'
```

以上运行结果中……为省略内容，同时项目结构路径中将自动生成python.png图片，效果如图3.3所示。

图3.3 自动生成的python.png图片

3.3 复杂请求的发送

3.3.1 设置请求头

大多数的服务器都会检测请求头信息，判断当前请求是否来自浏览器的请求。使用 request() 方法设置请求头信息时，只需要为 headers 参数指定一个有效的字典（dict）类型的请求头信息即可。所以在设置请求头信息前，需要在浏览器中找到一个有效的请求头信息，以火狐浏览器为例，键盘中按下 F12 快捷键打开"开发者工具箱"，然后选择"网络"，接着在浏览器地址栏中任意打开一个网页（如 https://www.baidu.com），在请求列表中选择一项请求信息，最后在"消息头"中找到请求头信息。具体步骤如图 3.4 所示。

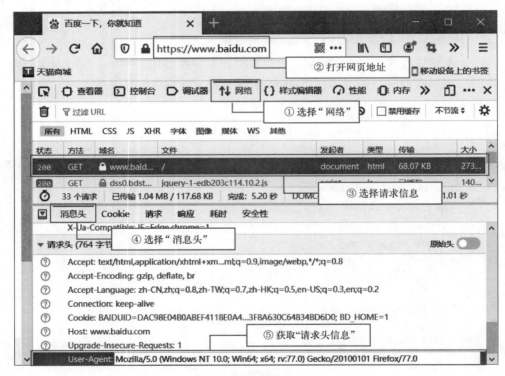

图 3.4　获取请求头信息

实例 3.8　设置请求头

请求头信息获取完成以后，将"User-Agent"设置为字典（dict）数据中的键，后面的数据设置为字典（dict）中 value。示例代码如下：

```
01  import urllib3          # 导入urllib3模块
02  urllib3.disable_warnings()                    # 关闭ssl警告
03  url = 'https://www.httpbin.org/get'           # GET请求测试地址
04  # 定义火狐浏览器请求头信息
05  headers = {'User-Agent':'Mozilla/5.0 (Windows NT 10.0; Win64; x64;
    rv:77.0) Gecko/20100101 Firefox/77.0'}
06  http = urllib3.PoolManager()                  # 创建连接池管理对象
07  r = http.request('GET',url,headers=headers)   # 发送GET请求
08  print(r.data.decode('utf-8'))                 # 打印返回内容
```

程序运行结果如图3.5所示。

```
{
  "args": {},
  "headers": {
    "Accept-Encoding": "identity",
    "Host": "www.httpbin.org",
    "User-Agent": "Mozilla/5.0 (Windows NT 10.0; Win64; x64; rv:77.0) Gecko/20100101 Firefox/77.0",
    "X-Amzn-Trace-Id": "Root=1-5ee858fb-9ebb86d6d2df64c0fde475e6"
  },
  "origin": "175.19.143.94",
  "url": "https://www.httpbin.org/get"
}
```

图3.5 查看返回的请求头信息

3.3.2 设置超时

实例 3.9 设置超时

在没有特殊要求的情况下，可以将设置超时的参数与时间填写在request()方法或者是PoolManager()实例对象中，示例代码如下：

```
01  import urllib3          # 导入urllib3模块
02  urllib3.disable_warnings()                    # 关闭ssl警告
03  baidu_url = 'https://www.baidu.com/'          # 百度超时请求测试地址
04  python_url = 'https://www.python.org/'        # Python超时请求测试地址
05  http = urllib3.PoolManager()                  # 创建连接池管理对象
06  try:
07      r = http.request('GET',baidu_url,timeout=0.01)    # 发送GET请求，
    并设置超时时间为0.01秒
08  except  Exception as error:
09      print('百度超时：',error)
10  http2 = urllib3.PoolManager(timeout=0.1)              # 创建连接池管理
    对象，并设置超时时间为0.1秒
```

```
11  try:
12      r = http2.request('GET', python_url)        # 发送GET请求
13  except  Exception as error:
14      print('Python超时: ',error)
```

程序运行结果如图3.6所示。

```
百度超时: HTTPSConnectionPool(host='www.baidu.com', port=443): Max retries exceeded with url:
    / (Caused by ConnectTimeoutError(<urllib3.connection.VerifiedHTTPSConnection object at
    0x0000029504F19C08>, 'Connection to www.baidu.com timed out. (connect timeout=0.01)'))
Python超时: HTTPSConnectionPool(host='www.python.org', port=443): Max retries exceeded with
    url: / (Caused by ConnectTimeoutError(<urllib3.connection.VerifiedHTTPSConnection object at
    0x0000029504F26308>, 'Connection to www.python.org timed out. (connect timeout=0.1)'))
```

图3.6　超时异常信息

如果需要更精确地设置超时，可以使用Timeout实例对象，在该对象中可以单独设置连接超时与读取超时。示例代码如下：

```
01  import urllib3         # 导入urllib3模块
02  from  urllib3 import Timeout   # 导入Timeout类
03  urllib3.disable_warnings()              # 关闭ssl警告
04  timeout=Timeout(connect=0.5, read=0.1)   # 设置连接0.5秒，读取0.1秒
05  http = urllib3.PoolManager(timeout=timeout)     # 创建连接池管理对象
06  http.request('GET','https://www.python.org/')    # 发送请求
```

或者是

```
01  timeout=Timeout(connect=0.5, read=0.1)   # 设置连接0.5秒，读取0.1秒
02  http = urllib3.PoolManager()         # 创建连接池管理对象
03  http.request('GET','https://www.python.org/',timeout=timeout)    # 发送请求
```

3.3.3　设置代理IP

实例3.10　设置代理IP

在设置代理IP时，需要创建ProxyManager对象，在该对象中最好填写两个参数：一个是proxy_url，表示需要使用的代理IP；另一个参数为headers，用于模拟浏览器请求，避免被后台服务器发现。示例代码如下：

```
01  import urllib3      # 导入urllib3模块
02  url = "http://httpbin.org/ip"             # 代理IP请求测试地址
03  # 定义火狐浏览器请求头信息
```

```
04  headers = {'User-Agent':'Mozilla/5.0 (Windows NT 10.0; Win64; x64;
rv:77.0) Gecko/20100101 Firefox/77.0'}
05  # 创建代理管理对象
06  proxy = urllib3.ProxyManager('http://120.27.110.143:80',headers =
headers)
07  r = proxy.request('get',url,timeout=2.0)     # 发送请求
08  print(r.data.decode())                        # 打印返回结果
```

程序运行结果如下：

```
{
  "origin": "120.27.110.143"
}
```

> **注意** 免费代理存活的时间比较短，如果失效，读者可以自己上网查找正确有效的代理 IP，或者参考 4.3.2 与 4.3.3 小节来获取有效的代理 IP。

3.4 上传文件

实例 3.11 上传文本文件

request() 方法提供了两种比较常用的文件上传方式，一种是通过 fields 参数以元组形式分别指定文件名、文件内容以及文件类型，这种方式适合上传文本文件时使用。以上传如图 3.7 所示的文本文件为例，代码如下：

图 3.7　需要上传的文本文件

```
01  import urllib3           # 导入urllib3模块
02  import json              # 导入json模块
03  with open('test.txt') as f:    # 打开文本文件
04     data = f.read()              # 读取文件
05  http = urllib3.PoolManager()    # 创建连接池管理对象
06  # 发送网络请求
07  r = http.request( 'POST','http://httpbin.org/post',fields={'filefield':
('example.txt', data),})
```

第 2 篇 网络模块篇

```
08  files = json.loads(r.data.decode('utf-8'))['files']    # 获取上传文件内容
09  print(files)                                            # 打印上传文本信息
```

程序运行结果如下：

{'filefield':'在学习中寻找快乐！'}

实例 3.12 上传图片文件

如果需要上传图片则可以使用第二种方式，在request()方法中指定body参数，该参数所对应的值为图片的二进制数据，然后还需要使用headers参数为其指定文件类型。示例代码如下：

```
01  import urllib3                # 导入urllib3模块
02  with open('python.jpg','rb') as f:   # 打开图片文件
03      data = f.read()           # 读取文件
04  http = urllib3.PoolManager()  # 创建连接池管理对象
05  # 发送请求
06  r = http.request('POST','http://httpbin.org/post',body = data,
headers={'Content-Type':'image/jpeg'})
07  print(r.data.decode())        # 打印返回结果
```

程序运行结果如图3.8所示。

```
{
  "args": {},
  "data": "data:application/octet-stream;base64,iVBORw0KGgoAAAANSUhE    ← 上传图片文件所返回的信息
  "files": {},
  "form": {},
  "headers": {
    "Accept-Encoding": "identity",
    "Content-Length": "6542",
    "Content-Type": "image/jpeg",
    "Host": "httpbin.org",
    "X-Amzn-Trace-Id": "Root=1-5ee96a52-92177ff46d412d248901f134"
  },
  "json": null,
  "origin": "175.19.143.94",
  "url": "http://httpbin.org/post"
}
```

图3.8 上传图片文件所返回的信息

说明 由于返回的数据中 data 内容较多，所以图 3.8 中仅截取了数据中的一部分内容。

本章知识思维导图

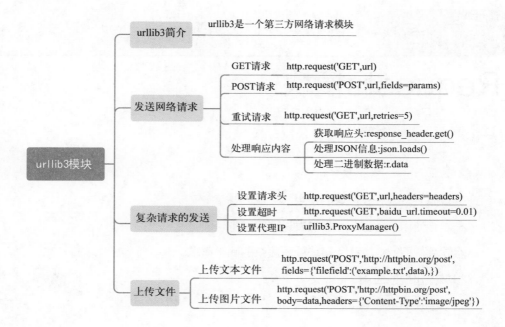

第 4 章

Requests模块

本章学习目标

- ☑ 掌握 requests 模块的使用
- ☑ 学会使用 requests 模块发送网络请求
- ☑ 学会使用 requests 模块处理复杂的网络请求
- ☑ 掌握代理的应用
- ☑ 学会获取及检测免费的代理 IP

4.1 请求方式

由于requests模块为第三方模块，所以在使用requests模块时需要通过执行pip install requests 代码进行该模块的安装。如果使用了Anaconda则不需要单独安装requests模块。requests功能特性如下：

- ◆ Keep-Alive 和连接池
- ◆ 国际化域名和 URL
- ◆ 带持久 Cookie 的会话
- ◆ 浏览器式的 SSL 认证
- ◆ 自动内容解码
- ◆ 基本/摘要式的身份认证
- ◆ 简明的 key/value Cookie
- ◆ 自动解压
- ◆ Unicode 响应体
- ◆ HTTP(S) 代理支持
- ◆ 文件分块上传
- ◆ 流下载
- ◆ 连接超时
- ◆ 分块请求
- ◆ 支持 .netrc

4.1.1 GET(不带参)请求

实例 4.1 实现不带参数的 GET 网络请求

最常用的 HTTP 请求方式分别为 GET 和 POST,在使用 requests 模块实现 GET 请求时可以使用两种方式来实现,一种带参数,另一种不带参数,以百度为例实现不带参数的网络请求。代码如下:

```
01  import requests      # 导入网络请求模块requests
02
03  # 发送网络请求
04  response = requests.get('https://www.baidu.com')
05  print('响应状态码为:',response.status_code)    # 打印状态码
06  print('请求的网络地址为:',response.url)          # 打印请求url
07  print('头部信息为:',response.headers)          # 打印头部信息
08  print('cookie信息为:',response.cookies)        # 打印cookie信息
```

程序运行结果如图 4.1 所示。

```
响应状态码为: 200
请求的网络地址为: https://www.baidu.com/
头部信息为: {'Cache-Control': 'private, no-cache, no-store,
 proxy-revalidate, no-transform', 'Connection': 'keep-alive',
 'Content-Encoding': 'gzip', 'Content-Type': 'text/html', 'Date': 'Fri,
 30 Sep 2022 03:17:06 GMT', 'Last-Modified': 'Mon, 23 Jan 2017
 13:23:46 GMT', 'Pragma': 'no-cache', 'Server': 'bfe/1.0.8.18',
 'Set-Cookie': 'BDORZ=27315; max-age=86400; domain=.baidu.com; path=/',
 'Transfer-Encoding': 'chunked'}
cookie信息为: <RequestsCookieJar[<Cookie BDORZ=27315 for .baidu.com/>]>
```

图 4.1 实现不带参数的网络请求

4.1.2 对响应结果进行 utf-8 编码

实例 4.2 获取请求地址所对应的网页源码

当响应状态码为 200 时说明本次网络请求已经成功,此时可以获取请求地址所对应的网页源码,代码如下:

```
01  import requests        # 导入网络请求模块requests
02
03  # 发送网络请求
04  response = requests.get('https://www.baidu.com/')
05  response.encoding='utf-8'       # 对响应结果进行utf-8编码
06  print(response.text)            # 以文本形式打印网页源码
```

程序运行结果如图4.2所示。

```
<!DOCTYPE html>
<!--STATUS OK--><html> <head><meta http-equiv=content-type content=text/html;charset=utf-8><meta http-equiv=X-UA-Compatible content=IE-Edge><meta content=always name=referrer><link rel=stylesheet type=text/css href=https://ss1.bdstatic.com/5eN1bjq8AAUYm2zgoY3K/r/www/cache/bdorz/baidu.min.css><title>百度一下，你就知道</title></head> <body link=#0000cc> <div id=wrapper> <div id=head> <div class=head_wrapper> <div class=s_form> <div class=s_form_wrapper> <div id=lg> <img hidefocus=true src=//www.baidu.com/img/bd_logo1.png width=270 height=129> </div> <form id=form name=f action=//www.baidu.com/s class=fm> <input type=hidden name=bdorz_come value=1> <input type=hidden name=ie value=utf-8> <input type=hidden name=f value=8> <input type=hidden name=rsv_bp value=1> <input type=hidden name=rsv_idx value=1> <input type=hidden name=tn value=baidu><span class="bg s_ipt_wr"><input id=kw name=wd class=s_ipt value maxlength=255 autocomplete=off autofocus></span><span class="bg s_btn_wr"><input type=submit id=su value=百度一下 class="bg s_btn" autofocus></span> </form> </div> <div id=u1> <a href=http://news.baidu.com name=tj_trnews class=mnav>新闻</a> <a href=https://www.hao123.com name=tj_trhao123 class=mnav>hao123</a> <a href=http://map.baidu.com name=tj_trmap class=mnav>地图</a> <a href=http://v.baidu.com name=tj_trvideo class=mnav>视频</a> <a href=http://tieba.baidu.com name=tj_trtieba class=mnav>贴吧</a> </noscript> <a href=http://www.baidu.com/bdorz/login.gif?login&amp;tpl=mn&amp;u=http%3A%2F%2Fwww.baidu.com%2f%3fbdorz_come%3d1 name=tj_login class=lb>登录</a> <script>document.write('<a href="http://www.baidu.com/bdorz/login.gif?login&tpl=mn&u="+ encodeURIComponent(window.location.href+ (window.location.search === "" ? "?" : "&")+ "bdorz_come=1")+ '" name="tj_login" class="lb">登录</a>'); </script> <a href=//www.baidu.com/more/ name=tj_briicon class=bri style="display: block;">更多产品</a> </div> </div> </div> <div id=ftCon> <div id=ftConw> <p id=lh> <a href=http://home.baidu.com>关于百度</a> <a href=http://ir.baidu.com>About Baidu</a> </p> <p id=cp>&copy;2017 Baidu <a href=http://www.baidu.com/duty/>使用百度前必读</a>  <a href=http://jianyi.baidu.com/ class=cp-feedback>意见反馈</a> 京ICP证030173号 <img src=//www.baidu.com/img/gs.gif> </p> </div> </div> </body> </html>
```

图4.2　获取请求地址所对应的网页源码

注意 在没有对响应内容进行 utf-8 编码时，网页源码中的中文信息可能会出现如图 4.3 所示的乱码。

```
<!DOCTYPE html>
<!--STATUS OK--><html> <head><meta http-equiv=content-type content=text/html;charset=utf-8><meta http-equiv=X-UA-Compatible content=IE-Edge><meta content=always name=referrer><link rel=stylesheet type=text/css href=https://ss1.bdstatic.com/5eN1bjq8AAUYm2zgoY3K/r/www/cache/bdorz/baidu.min.css><title>ç¾åº¦ä¸ä¸ï¼ä½ å°±ç¥é</title></head> <body link=#0000cc> <div id=wrapper> <div id=head> <div class=head_wrapper> <div class=s_form> <div class=s_form_wrapper> <div
```

图4.3　中文信息出现乱码

4.1.3　爬取二进制数据

实例 4.3　下载百度首页中的 logo 图片

使用 requests 模块中的 get 函数不仅可以获取网页中的源码信息，还可以获取二进制文件。但是在获取二进制文件时，需要使用 Response.content 属性获取 bytes 类型的数据，然后将数据保存在本地文件中。例如下载百度首页中的 logo 图片即可使用如下代码：

```
01  import requests        # 导入网络请求模块requests
02
03  # 发送网络请求
04  response = requests.get('https://www.baidu.com/img/bd_logo1.png?where=super')
05  print(response.content)                # 打印二进制数据
06  with open('百度logo.png','wb')as f:     # 通过open函数将二进制数据写入本地文件
07      f.write(response.content)          # 写入
```

程序运行后打印的二进制数据如图4.4所示。程序运行后，当前目录下将自动生成如图4.5所示的"百度logo.png"图片。

```
b'\x89PNG\r\n\x1a\n\x00\x00\x00\rIHDR\x00\x00\x02\x1c\x00\x00
\x01\x02\x08\x03\x00\x00\x00\x82\x14\xfe8\x00\x00\x00tPHYs
\x00\x00\x0b\x13\x00\x00\x0b\x13\x01\x00\x9a\x9c\x18\x00\x00
\nMiCCPPhotoshop ICC profile\x00\x00x\xda\x9dSwX\x93\xf7\x16
>\xdf\xf7e\x0fVB\xd8\xf0\xb1\x971\x81\x00"#\xac\x08\xc8\x10Y
\xa2\x10\x92\x00a\x84\x10\x12@\xc5\x85\x88\nV\x14\x15\x11
\x9cHU\xc4\x82\xd5\nH\x9d\x88\xe2\xa0
```

图4.4　打印的二进制数据　　　　图4.5　百度logo图片

4.1.4　GET（带参）请求

（1）实现请求地址带参

如果需要为GET请求指定参数时，可以直接将参数添加在请求地址URL的后面，然后用问号（?）进行分隔，如果一个URL地址中有多个参数，参数之间用"&"进行连接。GET（带参）请求代码如下：

```
01  import requests        # 导入网络请求模块requests
02
03  # 发送网络请求
04  response = requests.get('http://httpbin.org/get?name=Jack&age=30')
05  print(response.text)              # 打印响应结果
```

程序运行结果如图4.6所示。

```
{
  "args": {
    "age": "30",
    "name": "Jack"
  },
  "headers": {
    "Accept": "*/*",
    "Accept-Encoding": "gzip, deflate",
    "Host": "httpbin.org",
    "User-Agent": "python-requests/2.20.1",
    "X-Amzn-Trace-Id": "Root=1-5e68a400-d84b38d07031a2c5bcdacef7"
  },
  "origin": "42.101.67.234",
  "url": "http://httpbin.org/get?name=Jack&age=30"
}
```

图4.6　输出的响应结果1

说明　这里通过 http://httpbin.org/get 网站进行演示，该网站可以作为练习网络请求的一个站点使用，该网站可以模拟各种请求操作。

（2）配置params参数

requests模块提供了传递参数的方法，允许使用params 关键字参数，以一个字符串字典来提供这些参数。例如，想传递 key1=value1 和 key2=value2 到 httpbin.org/get ，那么可以使用如下代码：

```
01  import requests       # 导入网络请求模块requests
02
03  data = {'name':'Michael','age':'36'}    # 定义请求参数
04  # 发送网络请求
05  response = requests.get('http://httpbin.org/get',params=data)
06  print(response.text)                    # 打印响应结果
```

程序运行结果如图4.7所示。

```
{
  "args": {
    "age": "36",
    "name": "Michael"
  },
  "headers": {
    "Accept": "*/*",
    "Accept-Encoding": "gzip, deflate",
    "Host": "httpbin.org",
    "User-Agent": "python-requests/2.20.1",
    "X-Amzn-Trace-Id": "Root=1-5e6988c8-0e03e2fa94fa7b9357bd083d"
  },
  "origin": "139.215.226.29",
  "url": "http://httpbin.org/get?name=Michael&age=36"
}
```

图4.7　输出的响应结果2

4.1.5　POST请求

实例 4.4　实现 POST 请求

POST请求方式也叫作提交表单，表单中的数据内容就是对应的请求参数。使用requests模块实现POST请求时需要设置请求参数data。POST请求的代码如下：

```
01  import requests       # 导入网络请求模块requests
02  import json           # 导入json模块
03
04  # 字典类型的表单参数
05  data = {'1': '能力是有限的，而努力是无限的。',
06          '2':'星光不问赶路人，时光不负有心人。'}
07  # 发送网络请求
```

```
08  response = requests.post('http://httpbin.org/post',data=data)
09  response_dict = json.loads(response.text)      # 将响应数据转换为字典类型
10  print(response_dict)                           # 打印转换后的响应数据
```

程序运行结果如图4.8所示。

```
{'args': {}, 'data': '', 'files': {},
'form': {'1':'能力是有限的,而努力是无限的。
', '2': '星光不问赶路人,时光不负有心人。'},
'headers': {'Accept': '*/*',
'Accept-Encoding': 'gzip, deflate',
'Content-Length': '284', 'Content-Type':
'application/x-www-form-urlencoded',
'Host': 'httpbin.org', 'User-Agent':
'python-requests/2.20.1',
'X-Amzn-Trace-Id':
'Root=1-5e699d93-e635dad2bfd5e75ee39d2af0
'}, 'json': None, 'origin': '42.101.67
.234', 'url': 'http://httpbin.org/post'}
```

图4.8 输出的响应结果3

说明 POST 请求中 data 参数的数据的格式也可以是列表、元组或者是 JSON。参数代码如下：

```
01  # 元组类型的表单数据
02  data = (('1','能力是有限的,而努力是无限的。'),
03          ('2','星光不问赶路人,时光不负有心人。'))
04  # 列表类型的表单数据
05  data = [('1','能力是有限的,而努力是无限的。'),
06          ('2','星光不问赶路人,时光不负有心人。')]
07  # 字典类型的表单参数
08  data = {'1': '能力是有限的,而努力是无限的。',
09          '2':'星光不问赶路人,时光不负有心人。'}
10  # 将字典类型转换为JSON类型的表单数据
11  data = json.dumps(data)
```

注意 requests 模块中 GET 与 POST 请求的参数分别是 params 和 data，所以不要将两种参数填写错误。

4.2 复杂的网络请求

在使用requests模块实现网络请求时，不只有简单的GET与POST，还有复杂的请求头、Cookies以及网络超时等。不过requests模块将这一系列复杂的请求方式进行了简化，只要在发送请求时设置对应的参数即可实现复杂的网络请求。

4.2.1 添加请求头headers

实例4.5 添加请求头

有时在请求一个网页内容时，发现无论是通过GET还是通过POST以及其他请求方式，都会出现403错误。这种现象多数为服务器拒绝了访问，那是因为这些网页为了防止恶意采集信息，使用了反爬虫设置。此时可以通过模拟浏览器的头部信息来进行访问，这样就能解决以上反爬设置的问题。下面介绍requests模块添加请求头的方式，代码如下：

```
01  import requests        # 导入网络请求模块requests
02
03  url = 'https://www.baidu.com/'      # 创建需要爬取网页的地址
04  # 创建头部信息
05  headers = {'User-Agent':'Mozilla/5.0 (Windows NT 10.0; Win64; x64;
rv:72.0) Gecko/20100101 Firefox/72.0'}
06  response = requests.get(url, headers=headers)    # 发送网络请求
07  print(response.status_code)                      # 打印响应状态码
```

程序运行结果如下：

```
200
```

4.2.2 验证Cookies

实例4.6 通过验证Cookies模拟豆瓣登录

在爬取某些数据时，需要进行网页的登录，才可以进行数据的抓取工作。Cookies登录就像很多网页中的自动登录功能一样，可以让用户在第二次登录时不需要验证账号和密码的情况下进行登录。在使用requests模块实现Cookies登录时，首先需要在浏览器的开发者工具页面中找到可以实现登录的Cookies信息，然后将Cookies信息处理并添加至RequestsCookieJar的对象中，最后将RequestsCookieJar对象作为网络请求的Cookies参数，发送网络请求即可。以获取豆瓣网页登录后的用户名为例，具体步骤如下。

① 在谷歌浏览器中打开豆瓣网页地址（https://www.douban.com/），然后用快捷键F12打开网络监视器，选择"密码登录"，输入"手机号/邮箱"与"密码"，

然后单击"登录豆瓣",网络监视器将显示如图4.9所示的数据变化。

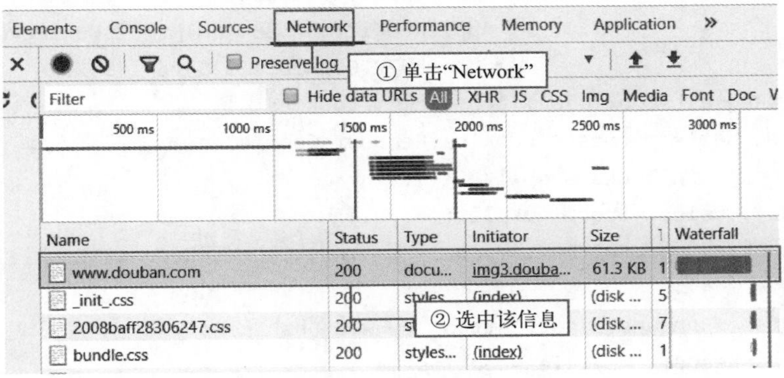

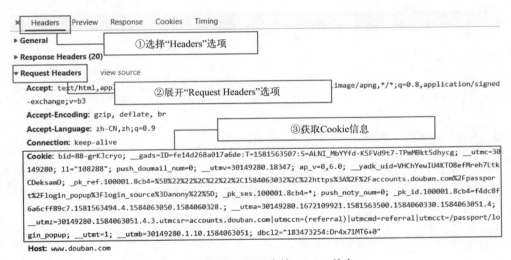

图4.9　网络监视器的数据变化

② 在"Headers"选项中选择"Request Headers"选项,获取登录后的"Cookie"信息,如图4.10所示。

图4.10　登录后网页中的Cookie信息

③ 导入相应的模块,将找到的登录后网页中的Cookie信息以字符串形式保存,然后创建RequestsCookieJar()对象并对Cookie信息进行处理,最后将处理后的RequestsCookieJar()对象作为网络请求参数,实现网页的登录请求。代码如下:

```
01  import requests            # 导入网络请求模块
02  from lxml import etree     # 导入lxml模块
03
04  cookies = '此处填写登录后网页中的cookie信息'
05  headers = {'Host': 'www.douban.com',
```

```
06                'Referer': 'https://www.hao123.com/',
07                'User-Agent': 'Mozilla/5.0 (Windows NT 10.0; Win64; x64) '
08                              'AppleWebKit/537.36 (KHTML, like Gecko) '
09                              'Chrome/72.0.3626.121 Safari/537.36'}
10  # 创建RequestsCookieJar对象，用于设置cookies信息
11  cookies_jar = requests.cookies.RequestsCookieJar()
12  for cookie in cookies.split(';'):
13      key, value = cookie.split('=', 1)
14      cookies_jar.set(key, value)   # 将cookies保存RequestsCookieJar当中
15  # 发送网络请求
16  response = requests.get('https://www.douban.com/',
17  headers=headers, cookies=cookies_jar)
18  if response.status_code == 200:   # 请求成功时
19      html = etree.HTML(response.text)   # 解析html代码
20      # 获取用户名
21      name = html.xpath('//*[@id="db-global-nav"]/div/div[1]/ul/li[2]/a/span[1]/text()')
22      print(name[0])   # 打印用户名
```

程序运行结果如下：

阿四 sir 的账号

4.2.3 会话请求

在实现获取某个登录后页面的信息时，可以使用设置Cookies的方式先实现模拟登录，然后再获取登录后页面的信息内容。这样虽然可以成功地获取页面中的信息，但是比较烦琐。

实例 4.7 实现会话请求

requests模块中提供了Session对象，通过该对象可以实现在同一会话内发送多次网络请求，这相当于在浏览器中打开了一个新的选项卡。此时在获取登录后页面中的数据时，可以发送两次请求，第一次发送登录请求，而第二次请求就可以在不登录（设置Cookies）的情况下获取登录后的页面数据。示例代码如下：

```
01  import requests                # 导入requests模块
02  s = requests.Session()         # 创建会话对象
03  data={'username': 'mrsoft', 'password': 'mrsoft'}   # 创建用户名、密码的表单数据
04  # 发送登录请求
```

```
05  response =s.post('http://test.mingribook.com/index/index/chklogin.
html',data=data)
06  response2=s.get('http://test.mingribook.com')    # 发送登录后页面请求
07  print('登录信息：',response.text)                # 打印登录信息
08  print('登录后页面信息如下:\n',response2.text)    # 打印登录后的页面信息
```

程序运行结果如图4.11所示。

```
登录信息：{"status":true,"msg":"登录成功！"}
登录后页面信息如下:
<!DOCTYPE html>
<html lang="en">
<head>
<meta http-equiv="Content-Type" content="text/html; charset=UTF-8">
<meta name="keywords" content="明日科技,thinkphp5.0,编程e学网" />
<meta name="description" content="明日科技,thinkphp5.0,编程e学网" />
<title>编程e学网</title>
<link rel="shortcut icon" href="favicon.ico">
```

图4.11　登录后的请求结果

4.2.4　验证请求

在访问页面时，可能会出现如图4.12所示的验证页面，输入用户名与密码后才可以访问如图4.13所示的页面数据。

图4.12　验证页面　　　　　　　图4.13　验证后的页面

实例 4.8 验证请求

requests模块自带了验证功能，只需要在请求方法中填写auth参数，该参数的值是一个带有验证参数（用户名与密码）的HTTPBasicAuth对象。示例代码如下：

```
01  import requests                                 # 导入requests模块
02  from requests.auth import HTTPBasicAuth         # 导入HTTPBasicAuth类
03  # 定义请求地址
```

```
04  url = 'http://test.mingribook.com/spider/auth/'
05  ah = HTTPBasicAuth('admin','admin')       # 创建HTTPBasicAuth对象，参数
为用户名与密码
06  response = requests.get(url=url,auth=ah)  # 发送网络请求
07  if response.status_code==200:             # 如果请求成功
08      print(response.text)                  # 打印验证后的HTML代码
```

程序运行结果如图4.14所示。

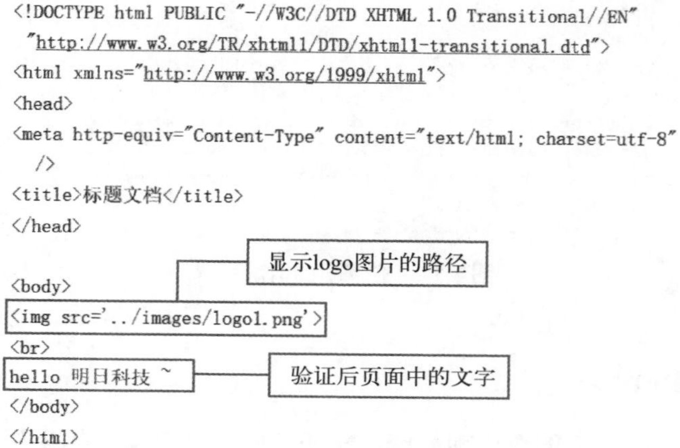

```
<!DOCTYPE html PUBLIC "-//W3C//DTD XHTML 1.0 Transitional//EN"
"http://www.w3.org/TR/xhtml1/DTD/xhtml1-transitional.dtd">
<html xmlns="http://www.w3.org/1999/xhtml">
<head>
<meta http-equiv="Content-Type" content="text/html; charset=utf-8"
/>
<title>标题文档</title>
</head>
<body>
<img src='../images/logo1.png'>     ← 显示logo图片的路径
<br>
hello 明日科技~                      ← 验证后页面中的文字
</body>
</html>
```

图4.14 验证后页面中的HTML代码

4.2.5 网络超时与异常

实例4.9 演示网络超时与异常

在访问一个网页时，如果该网页长时间未响应，系统就会判断该网页超时，所以无法打开网页。下面通过代码来模拟一个网络超时的现象，代码如下：

```
01  import requests        # 导入网络请求模块
02  # 循环发送请求50次
03  for a in range(0, 50):
04      try:               # 捕获异常
05          # 设置超时为0.1秒
06          response = requests.get('https://www.baidu.com/', timeout=0.1)
07          print(response.status_code)                    # 打印状态码
08      except Exception as e:                             # 捕获异常
09          print('异常'+str(e))                           # 打印异常信息
```

程序运行结果如图4.15所示。

```
200
200
200
异常HTTPSConnectionPool(host='www.baidu.com', port=443): Read timed out. (read timeout=0.1)
200
200
200
```

图4.15 超时异常信息

说明 上面的代码中,模拟进行了50次循环请求,并且设置了超时的时间为0.1秒,所以在0.1秒内服务器未作出响应将视为超时,并将超时信息打印在控制台中。根据以上的模拟测试结果,可以确认在不同的情况下设置不同的timeout值。

实例4.10 识别网络异常的分类

说起网络异常信息,requests模块同样提供了三种常见的网络异常类,代码如下:

```
01  import requests                        # 导入网络请求模块
02  # 导入requests.exceptions模块中的三种异常类
03  from requests.exceptions import ReadTimeout,HTTPError,RequestException
04  # 循环发送请求50次
05  for a in range(0, 50):
06      try:            # 捕获异常
07          # 设置超时为0.1秒
08          response = requests.get('https://www.baidu.com/', timeout=0.1)
09          print(response.status_code)                   # 打印状态码
10      except ReadTimeout:                               # 超时异常
11          print('timeout')
12      except HTTPError:                                 # HTTP异常
13          print('httperror')
14      except RequestException:                          # 请求异常
15          print('reqerror')
```

4.2.6 上传文件

实例4.11 上传图片文件

使用requests模块实现向服务器上传文件也是非常简单的,只需要指定

post()函数中的files参数即可。files参数可以指定一个BufferedReader对象，该对象可以使用内置的open()函数返回。使用requests模块实现上传文件的代码如下：

```
01  import requests                           # 导入网络请求模块
02  bd = open('logo.png','rb')                # 读取指定文件
03  file = {'file':bd}                        # 定义需要上传的图片文件
04  # 发送上传文件的网络请求
05  response = requests.post('http://httpbin.org/post',files = file)
06  print(response.text)                      # 打印响应结果
```

程序运行结果如下：

```
{
    "args": {},
    "data": "",
    "files": {
        "file": "data:application/octet-stream;base64,iVBORw0KGgoAAAA...="
    },
    "form": {},
    "headers": {
        "Accept": "*/*",
        "Accept-Encoding": "gzip, deflate",
        "Content-Length": "8045",
        "Content-Type":"multipart/form-data; boundary=2e8a5c71d31d768bcc1a6434e654b27c",
        "Host": "httpbin.org",
        "User-Agent": "python-requests/2.20.1",
        "X-Amzn-Trace-Id": "Root=1-5e6f2da8-fe55afa26aa1338be33cbbee"
    },
    "json": null,
    "origin": "139.214.246.63",
    "url": "http://httpbin.org/post"
}
```

说明 从以上的程序运行结果中可以看出，提交的图片文件（二进制数据）被指定在files中；从方框内file对应的数据中可以发现post()函数将上传的文件转换为Base64的编码形式。

注意 程序运行结果中红框内尾部的…为省略部分。

4.3 代理服务

4.3.1 代理的应用

实例 4.12 通过代理发送请求

在爬取网页的过程中,经常会出现不久前可以爬取的网页现在无法爬取了,这是因为所用IP被爬取网站的服务器所屏蔽了。此时代理服务可以解决这一麻烦,设置代理时,首先需要找到代理地址,例如,117.88.176.38,对应的端口号为3000,完整的格式为117.88.176.38:3000。代码如下:

```
01  import requests          # 导入网络请求模块
02  # 头部信息
03  headers = {'User-Agent': 'Mozilla/5.0 (Windows NT 10.0; Win64; x64) '
04                           'AppleWebKit/537.36 (KHTML, like Gecko) '
05                           'Chrome/72.0.3626.121 Safari/537.36'}
06  proxy = {'http': 'http://117.88.176.38:3000',
07           'https': 'https://117.88.176.38:3000'}   # 设置代理IP与对应的端口号
08  try:
09      # 对需要爬取的网页发送请求,verify=False不验证服务器的SSL证书
10      response = requests.get('http://2022.ip138.com', headers= headers, proxies=proxy,verify=False,timeout=3)
11      print(response.status_code)       # 打印响应状态码
12  except Exception as e:
13      print('错误异常信息为:',e)         # 打印异常信息
```

注意 由于示例中代理IP是免费的,所以使用的时间不固定,超出使用的时间范围时该地址将失效。在地址失效时或者地址错误时,控制台将显示如图4.16所示的异常信息。如果需要获取可用的代理IP可以参考4.3.2与4.3.3小节中的内容。

```
错误异常信息为: HTTPConnectionPool(host='117.88.176.38', port=3000):
Max retries exceeded with url: http://202020.ip138.com/ (Caused by
ProxyError('Cannot connect to proxy.', NewConnectionError('<urllib3
.connection.HTTPConnection object at 0x00000165C0F3AB88>: Failed to
establish a new connection: [WinError 10061] 由于目标计算机积极拒绝,
无法连接。')))
```

图4.16 代理地址失效或错误所提示的异常信息

4.3.2 获取免费的代理IP

实例 4.13 获取免费的代理 IP

为了避免爬取目标网页的后台服务器对我们实施封锁IP的操作。我们可以每发送一次网络请求更换一个IP，从而降低被发现的风险。其实在获取免费的代理IP之前，需要先找到提供免费代理IP的网页，然后通过爬虫技术将大量的代理IP提取并保存至文件当中。以某免费代理IP网页为例，实现代码如下：

```
01  import requests          # 导入网络请求模块
02  from lxml import etree   # 导入HTML解析模块
03  import pandas as pd      # 导入pandas模块
04  ip_list = []             # 创建保存ip地址的列表
05  # 获取代理IP的函数
06  def get_ip(url,headers):
07      # 发送网络请求
08      response = requests.get(url,headers=headers)
09      response.encoding = 'utf-8'  # 设置编码方式
10      if response.status_code == 200:  # 判断请求是否成功
11          html = etree.HTML(response.text)  # 解析HTML
12          # 获取每页的所有tr标签
13          tr_all = html.xpath('//tbody//tr')
14          for tr in tr_all:
15              ip = tr.xpath('./td[1]/text()')[0]    # 获取每个tr中的ip
16              port = tr.xpath('./td[2]/text()')[0]
17              ip_list.append(ip +':' +port)
18              print('代理ip为：',ip,'对应端口为：',port)
19  # 头部信息
20  headers = {'User-Agent': 'Mozilla/5.0 (Windows NT 10.0; Win64; x64) '
21                           'AppleWebKit/537.36 (KHTML, like Gecko) '
22                           'Chrome/72.0.3626.121 Safari/537.36'}
23  if __name__ == '__main__':
24      ip_table = pd.DataFrame(columns=['ip'])  # 创建临时表格数据
25      for i in range(1,5):
26          # 获取免费代理IP的请求地址
27          url = 'http://www.ip3366.net/free/?stype=1&page={page}'.format(page=i)
28          get_ip(url,headers)
```

```
29        ip_table['ip'] = ip_list    # 将提取的ip保存至excel文件中的ip列
30        # 生成xlsx文件
31        ip_table.to_excel('yun_ip.xlsx', sheet_name='data')
```

程序代码运行后控制台将显示如图4.17所示的代理IP（图中为代理ip，下同）与对应端口，项目文件中将自动生成"yun_ip.xlsx"文件，文件内容如图4.18所示。

```
代理ip为： 121.8.146.99   对应端口为： 8060
代理ip为： 27.42.168.46   对应端口为： 48919
代理ip为： 123.185.222.248 对应端口为： 8118
代理ip为： 27.154.34.146  对应端口为： 31527
代理ip为： 59.44.78.30    对应端口为： 42335
代理ip为： 118.114.96.251 对应端口为： 8118
代理ip为： 115.223.77.101 对应端口为： 8010
代理ip为： 182.138.182.133 对应端口为： 8118
代理ip为： 59.110.154.102 对应端口为： 8080
代理ip为： 221.206.100.133 对应端口为： 34073
代理ip为： 118.24.246.249 对应端口为： 80
代理ip为： 117.94.213.165 对应端口为： 8118
代理ip为： 121.237.148.78 对应端口为： 3000
代理ip为： 222.95.144.246 对应端口为： 3000
```

	ip
0	121.8.146.99:8060
1	27.42.168.46:48919
2	123.185.222.248:8118
3	27.154.34.146:31527
4	59.44.78.30:42335
5	118.114.96.251:8118
6	115.223.77.101:8010
7	182.138.182.133:8118
8	59.110.154.102:8080
9	221.206.100.133:34073
10	118.24.246.249:80
11	117.94.213.165:8118
12	121.237.148.78:3000
13	222.95.144.246:3000

图4.17 控制台显示代理IP与对应端口　　　　图4.18 yun_ip.xlsx内容

注意　如果以上示例代码运行出错，读者可以参考以上示例代码的使用思路，爬取其他免费代理IP的网页。

4.3.3 检测代理IP是否有效

实例4.14 检测代理IP是否有效

提供免费代理IP的网页有很多，但很多免费代理IP都是无效的，所以要使用我们爬取下来的免费代理IP，就需要对这些IP进行检测。

要检测代理IP是否可用时，首先需要读取保存代理IP的文件，然后对代理IP进行遍历并使用代理IP发送网络请求，而请求地址可以使用查询IP位置的网页。如果网络请求成功说明该代理IP可以使用，并且还会返回该代理IP的匿名地址。代码如下：

```
01  import requests         # 导入网络请求模块
02  import pandas           # 导入pandas模块
03  from lxml import etree  # 导入HTML解析模块
04
```

```
05  ip_table = pandas.read_excel('yun_ip.xlsx')   # 读取代理IP文件内容
06  ip = ip_table['ip']                            # 获取代理IP列信息
07  # 头部信息
08  headers = {'User-Agent': 'Mozilla/5.0 (Windows NT 10.0; Win64; x64) '
09                           'AppleWebKit/537.36 (KHTML, like Gecko) '
10                           'Chrome/72.0.3626.121 Safari/537.36'}
11  # 循环遍历代理IP并通过代理IP发送网络请求
12  for i in ip:
13      proxies = {'http': 'http://{ip}'.format(ip=i),
14                 'https': 'https://{ip}'.format(ip=i)}
15      try:
16          response = requests.get('http://2022.ip138.com/',
17                              headers=headers,proxies=proxies,timeout=2)
18          if response.status_code==200:   # 判断请求是否成功,请求成功说明代理IP可用
19              response.encoding='utf-8'         # 进行编码
20              html = etree.HTML(response.text)  # 解析HTML
21              info = html.xpath('/html/body/p[1]//text()')
22              print(info)                       # 输出当前IP匿名信息
23      except Exception as e:
24          pass
25          # print('错误异常信息为：',e)      # 打印异常信息
```

程序运行结果如图4.19所示。

```
['\r\n您的iP地址是：[', '110.86.15.46', ']  来自：福建省厦门市湖里区  电信\r\n']
['\r\n您的iP地址是：[', '58.220.95.86', ']  来自：江苏省扬州市  电信\r\n']
['\r\n您的iP地址是：[', '58.220.95.79', ']  来自：江苏省扬州市  电信\r\n']
['\r\n您的iP地址是：[', '118.190.152.166', ']  来自：山东省青岛市  阿里云\r\n']
['\r\n您的iP地址是：[', '101.4.136.34', ']  来自：湖北省武汉市  教育网\r\n']
['\r\n您的iP地址是：[', '47.114.117.238', ']  来自：浙江省杭州市  阿里云\r\n']
['\r\n您的iP地址是：[', '58.220.95.55', ']  来自：江苏省扬州市  电信\r\n']
['\r\n您的iP地址是：[', '58.220.95.35', ']  来自：江苏省扬州市  电信\r\n']
['\r\n您的iP地址是：[', '118.113.247.206', ']  来自：四川省成都市  电信\r\n']
['\r\n您的iP地址是：[', '47.99.145.67', ']  来自：浙江省杭州市  阿里云\r\n']
```

图4.19 打印可用的匿名代理IP

注意 如果以上示例代码运行出错，可能是查询IP的请求地址出现问题，读者可以根据自己查找的（IP查询）请求地址进行更换。

本章知识思维导图

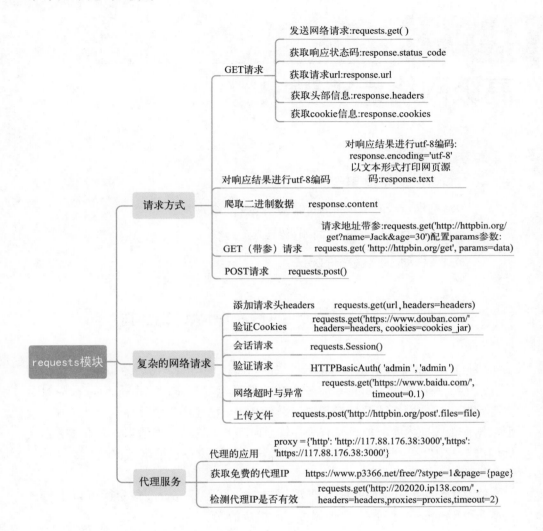

第 5 章

高级网络请求模块

本章学习目标

- ☑ 了解请求缓存的应用
- ☑ 学会使用 Requests-HTML 模块发送网络请求
- ☑ 学会使用 Requests-HTML 模块提取数据
- ☑ 掌握获取动态加载数据的方法

5.1　Requests-Cache 的安装与测试

　　Requests-Cache 模块是 Requests 模块的一个扩展功能，用于为 Requests 提供持久化缓存支持。如果 Requests 向一个 URL 发送重复请求时，Requests-Cache 将会自动判断当前的网络请求是否产生了缓存。如果已经产生了缓存就会从缓存中读取数据作为响应内容；如果没有缓存就会向服务器发送网络请求，获取服务器所返回的响应内容。使用 Requests-Cache 模块可以避免重复请求的次数，这样可以变相地躲避一些反爬机制。

　　安装 Requests-Cache 模块是非常简单的，只需要在 cmd 命令行窗口中输入"pip install requests-cache"命令即可实现模块的安装。

　　说明　无论读者是否使用了 Anaconda，都需要单独安装 Requests-Cache 模块，因为 Anaconda 中并不包含该模块。

　　模块安装完成以后可以通过获取 Requests-Cache 模块版本的方式，测试模块是否安装成功。代码如下：

```
01  import requests_cache           # 导入requests_cache模块
02  version = requests_cache.__version__     # 获取模块当前版本
03  print('模块版本为：',version)            # 打印模块当前版本
```

程序运行结果如下：

模块版本为：0.9.5

5.2 缓存的应用

在使用Requests-Cache模块实现请求缓存时，只需要调用install_cache()函数即可，其语法格式如下：

install_cache(cache_name='cache', backend=None, expire_after=None, allowable_codes=(200,), allowable_methods=('GET',), session_factory=<class 'requests_cache.core.CachedSession'>, **backend_options)

install_cache()函数中包含了多个参数，每个参数的含义如下：

- ☑ cache_name：表示缓存文件的名称，默认为cache。
- ☑ backend：表示设置缓存的存储机制，默认为None，表示默认使用sqlite进行存储。
- ☑ expire_after：表示设置缓存的有效时间，默认为None，表示永久有效。
- ☑ allowable_codes：表示设置状态码，默认为200。
- ☑ allowable_methods：表示设置请求方式，默认为GET，表示只有GET请求才可以生成缓存。
- ☑ session_factory：表示设置缓存执行的对象，需要实现CachedSession类。
- ☑ **backend_options：如果缓存的存储方式为sqlite、mongo、redis数据库，该参数表示设置数据库的连接方式。

在使用install_cache()函数实现请求缓存时，一般情况下是不需要单独设置任何参数的，只需要使用默认参数即可。判断是否存在缓存的代码如下：

```
01  import requests_cache       # 导入requests_cache模块
02  import requests             # 导入网络请求模块
03  requests_cache.install_cache()      # 设置缓存
04  requests_cache.clear()              # 清理缓存
05  url = 'http://httpbin.org/get'      # 定义测试地址
06  r = requests.get(url)               # 第一次发送网络请求
07  print('是否存在缓存：',r.from_cache)  # False表示不存在缓存
08  r = requests.get(url)               # 第二次发送网络请求
09  print('是否存在缓存：',r.from_cache)  # True表示存在缓存
```

程序运行结果如下：

```
是否存在缓存：False
是否存在缓存：True
```

在发送网络请求爬取网页数据时，如果频繁地发送网络请求，后台服务器可能会将我们的请求判定为爬虫程序，此时其将会采取反爬措施。所以多次请求中要留出一定的间隔时间，设置延时是一个不错的选择。但是如果在第一次请求后已经生成了缓存，那么第二次请求也就无需设置延时。对于此类情况Requests-Cache可以使用自定义钩子函数的方式，合理地判断是否需要设置延时操作。代码如下：

```
01  import requests_cache            # 导入requests_cache模块
02  import time                       # 导入时间模块
03  requests_cache.install_cache()    # 设置缓存
04  requests_cache.clear()            # 清理缓存
05  # 定义钩子函数
06  def make_throttle_hook(timeout=0.1):
07      def hook(response, *args, **kwargs):
08          print(response.text)              # 打印请求结果
09          # 判断没有缓存时就添加延时
10          if not getattr(response, 'from_cache', False):
11              print('等待',timeout,'秒！')
12              time.sleep(timeout)           # 等待指定时间
13          else:
14              print('是否存在请求缓存！',response.from_cache)  # 存在缓存
输出True
15          return response
16      return hook
17
18  if __name__ == '__main__':
19      requests_cache.install_cache()                       # 创建缓存
20      requests_cache.clear()                                # 清理缓存
21      s = requests_cache.CachedSession()                    # 创建缓存会话
22      s.hooks = {'response': make_throttle_hook(2)}         # 配置钩子函数
23      s.get('http://httpbin.org/get')                       # 模拟发送第一次网络请求
24      s.get('http://httpbin.org/get')                       # 模拟发送第二次网络请求
```

程序运行结果如下：

```
{
  "args": {},
  "headers": {
    "Accept": "*/*",
    "Accept-Encoding": "gzip, deflate",
    "Host": "httpbin.org",
    "User-Agent": "python-requests/2.22.0",
    "X-Amzn-Trace-Id": "Root=1-5ea24c2f-b523054a1653616c1e210
    fc2"},
  "origin": "175.19.143.94",
  "url": "http://httpbin.org/get"
}
```
第一次请求结果

等待2秒！　　执行等待

```
{
  "args": {},
  "headers": {
    "Accept": "*/*",
    "Accept-Encoding": "gzip, deflate",
    "Host": "httpbin.org",
    "User-Agent": "python-requests/2.22.0",
    "X-Amzn-Trace-Id": "Root=1-5ea24c2f-b523054a1653616c1e210f
    c2"},
  "origin": "175.19.143.94",
  "url": "http://httpbin.org/get"
}
```
是否存在请求缓存!True　　二次请求存在缓存　　第二次请求结果

　　从以上的运行结果中可以看出，通过配置钩子函数，可以实现在第一次请求时，因为没有请求缓存所以执行了2秒等待延时，当第二次请求时则没有执行2秒延时并输出"是否存在请求缓存！"为True。

> **说明** Requests-Cache模块支持4种不同的储存机制，分别为memory、sqlite、mongoDB以及redis，具体说明如下：

- ☑ memory：以字典的形式将缓存存储在内存当中，程序运行完以后缓存将被销毁。
- ☑ sqlite：将缓存存储在sqlite数据库当中。
- ☑ mongoDB：将缓存存储在mongoDB数据库当中。
- ☑ redis：将缓存存储在redis数据库当中。

使用Requests-Cache指定缓存不同的存储机制时，只需要为install_cache()函数中backend参数赋值即可，设置方式如下：

```
01  import requests_cache              # 导入requests_cache模块
02  # 设置缓存为内存的存储机制
03  requests_cache.install_cache(backend='memory')
04  # 设置缓存为sqlite数据库的存储机制
05  requests_cache.install_cache(backend='sqlite')
06  # 设置缓存为mongoDB数据库的存储机制
07  requests_cache.install_cache(backend='monggo')
08  # 设置缓存为redis数据库的存储机制
09  requests_cache.install_cache(backend='redis')
```

在设置存储机制为mongoDB数据库与redis数据库时，需要提前安装对应的操作模块与数据库。安装模块的命令如下：

```
pip install pymongo
pip install redis
```

5.3 强大的Requests-HTML模块

Requests-HTML模块和Requests模块，是同一个开发者所开发的。Requests-HTML模块不仅包含了Requests模块中的所有功能，还增加了对JavaScript的支持、数据提取以及模拟真实浏览器等的功能。

5.3.1 使用Requests-HTML实现网络请求

（1）get()请求

在使用Requests-HTML模块实现网络请求时需要先在cmd命令行窗口中，通过pip install requests-html命令进行模块的安装工作，然后导入Requests-HTML模块中的HTMLSession类，接着需要创建HTML会话对象，通过会话实例进行网络请求的发送，示例代码如下：

```
01  from requests_html import HTMLSession     # 导入HTMLSession类
02
03  session = HTMLSession()                   # 创建HTML会话对象
04  url = 'http://news.youth.cn/'             # 定义请求地址
05  r =session.get(url)                       # 发送网络请求
06  print(r.html)                             # 打印网络请求的url地址
```

程序运行结果如下：

```
<HTML url='http://news.youth.cn/'>
```

（2）post() 请求

在实现网络请求时，POST 请求也是一种比较常见的请求方式，使用 Requests-HTML 实现 POST 请求与 Requests 模块的实现方法类似，都需要单独设置表单参数 data，也需要通过会话实例进行网络请求的发送，示例代码如下：

```
01  from requests_html import HTMLSession       # 导入HTMLSession类
02  session = HTMLSession()                     # 创建HTML会话对象
03  data = {'user':'admin','password':123456}   # 模拟表单登录的数据
04  r = session.post('http://httpbin.org/post',data=data)   # 发送post请求
05  if r.status_code == 200:                    # 判断请求是否成功
06      print(r.text)                           # 以文本形式打印返回结果
```

程序运行结果如下：

```
{
  "args": {},
  "data": "",
  "files": {},
  "form": {
    "password": "123456",
    "user": "admin"
  },
  "headers": {
    "Accept": "*/*",
    "Accept-Encoding": "gzip, deflate",
    "Content-Length": "26",
    "Content-Type": "application/x-www-form-urlencoded",
    "Host": "httpbin.org",
    "User-Agent": "Mozilla/5.0 (Macintosh; Intel Mac OS X 10_12_6) AppleWebKit/603.3.8 (KHTML, like Gecko) Version/10.1.2 Safari/603.3.8",
    "X-Amzn-Trace-Id": "Root=1-5ea27ba9-683ac6d9546754743b8f9299"
  },
  "json": null,
  "origin": "175.19.143.94",
  "url": "http://httpbin.org/post"
}
```

从以上的运行结果中不仅可以看到 form 所对应的表单内容，还可以看到 User-Agent 所对应的值并不是像 Requests 模块发送网络请求时所返回的默认值（python-requests/2.22.0），而是一个真实的浏览器请求头信息，这比 Requests 模块

所发送的网络请求有着细小的改进。

（3）修改请求头信息

说到请求头信息，Requests-HTML是可以通过指定headers参数来对默认的浏览器请求头信息进行修改的，修改请求头信息的关键代码如下：

```
01  ua = {'User-Agent':'Mozilla/5.0 (Windows NT 10.0; WOW64)
AppleWebKit/537.36 (KHTML, like Gecko) Chrome/80.0.3987.149 Safari/537.36'}
02  r = session.post('http://httpbin.org/post',data=data,headers = ua)
# 发送post请求
```

返回的浏览器头部信息如下：

```
"User-Agent": "Mozilla/5.0 (Windows NT 10.0; WOW64) AppleWebKit/537.36
(KHTML, like Gecko) Chrome/80.0.3987.149 Safari/537.36"
```

（4）生成随机请求头信息

Requests-HTML模块中添加了UserAgent类，使用该类就可以实现随机生成请求头信息。示例代码如下：

```
01  from requests_html import HTMLSession,UserAgent    # 导入HTMLSession类
02
03  session = HTMLSession()                            # 创建HTML会话对象
04  ua = UserAgent().random                            # 创建随机请求头
05  r = session.get('http://httpbin.org/get',headers = {'user-agent': ua})
06  if r.status_code == 200:                           # 判断请求是否成功
07      print(r.text)                                  # 以文本形式打印返回结果
```

返回随机生成的请求头信息如下：

```
"User-Agent": "Mozilla/5.0 (Windows NT 6.1; rv:22.0) Gecko/20130405
Firefox/22.0"
```

5.3.2 数据的提取

以往使用Requests模块实现爬虫程序时，还需要为其配置一个解析HTML代码的搭档。Requests-HTML模块对此进行了一个比较大的升级，不仅支持CSS选择器还支持XPath的节点提取方式。

（1）CSS选择器

CSS选择器中需要使用HTML的find()方法，该方法中包含5个参数，其语法格式与参数含义如下：

```
find(selector:str="*",containing:_Containing=None,clean:bool=False,first:bool=False,_encoding:str=None)
```

- selector：使用CSS选择器定位网页元素。
- containing：通过指定文本获取网页元素。
- clean：是否清除HTML中的<script>和<style>标签，默认为False，表示不清除。
- first：是否只返回网页中第一个元素，默认为False，表示全部返回。
- _encoding：表示编码格式。

（2）XPath选择器

XPath选择器同样需要使用HTML进行调用，该方法中有4个参数，其语法格式与参数含义如下：

```
xpath(selector:str,clean:bool=False,first:bool=False,_encoding:str=None)
```

- selector：使用XPath选择器定位网页元素。
- clean：是否清除HTML中的<script>和<style>标签，默认为False，表示不清除。
- first：是否只返回网页中第一个元素，默认为False，表示全部返回。
- _encoding：表示编码格式。

（3）爬取即时新闻

实例 5.1 爬取即时新闻

学习了Requests-HTML模块中两种提取数据的函数后，以爬取"中国青年网"即时新闻为例，数据提取的具体步骤如下：

① 在浏览器中打开（http://news.youth.cn/jsxw/index.htm）网页地址，然后按快捷键F12在"开发者工具""Elements"的功能选项中确认"即时新闻"列表内新闻信息所在HTML标签的位置，如图5.1所示。

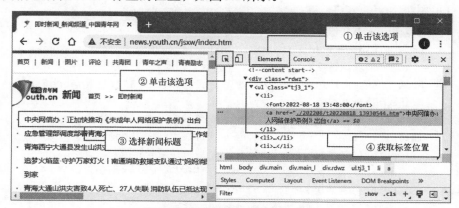

图5.1 获取新闻信息的标签位置

② 在图5.1中可以看出新闻标题在li标签中的a标签内，而a标签中的href属性值为当前新闻详情页的部分url地址，而li标签中font标签内是当前新闻所发布的时间，将鼠标移至href属性所对应的url地址时，会自动显示完整的详情页地址，如图5.2所示。

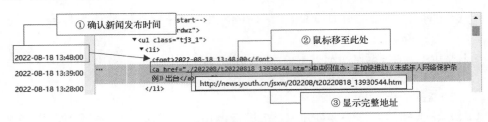

图5.2　获取完整的新闻详情页地址

③ 定位以上新闻标题、新闻详情url地址以及新闻发布时间信息位置以后，首先创建HTML会话以获取随机请求对象，然后对"即时新闻"首页发送网络请求，代码如下：

```
01  from requests_html import HTMLSession,UserAgent      # 导入HTMLSession类
02
03  session = HTMLSession()                  # 创建HTML会话对象
04  ua = UserAgent().random                  # 创建随机请求头
05  # 发送网络请求
06  r = session.get('http://news.youth.cn/jsxw/index.htm',
07                  headers = {'user-agent': ua})
08  r.encoding='gb2312'                      # 编码
```

④ 网络请求发送完成以后，需要通过请求状态码判断请求是否为200，如果是200表示请求成功，然后根据数据定位的标签分别获取新闻标题、新闻详情url地址以及新闻的发布时间，代码如下：

```
01  if r.status_code == 200:                 # 判断请求是否成功
02      # 获取所有新闻标题
03      news_titles = r.html.xpath('//ul[@class="tj3_1"]/li/a/text()')
04      # 获取所有新闻链接地址
05      news_hrefs = r.html.xpath('//ul[@class="tj3_1"]/li/a/@href')
06      # 获取所有新闻时间
07      news_times = r.html.xpath('//ul[@class="tj3_1"]/li/font/text()')
08      for title,href,time in zip(news_titles,news_hrefs,news_times):
09          print('新闻标题为：',title)      # 打印新闻标题
10          href = 'http://news.youth.cn/jsxw'+href.lstrip('.')
11          print('新闻url地址为：',href)   # 打印新闻url地址
12          print('新闻发布时间为：',time)  # 打印新闻发布时间
```

程序运行结果如下：

新闻标题为：青海西宁大通县山洪灾害成功搜救20名失联人员
新闻url地址为：http://news.youth.cn/jsxw/202208/t20220818_13931154.htm
新闻发布时间为：2022-08-18 16:17:00
新闻标题为：商务部：今年前7月全国实际使用外资金额按可比口径同比增长17.3%
新闻url地址为：http://news.youth.cn/jsxw/gn/202208/t20220818_13930944.htm
新闻发布时间为：2022-08-18 15:32:00
新闻标题为：长江多处水位偏低 航道部门加大观测力度
新闻url地址为：http://news.youth.cn/jsxw/202208/t20220818_13930882.htm
新闻发布时间为：2022-08-18 14:57:00
新闻标题为：人社部发布未就业高校毕业生求职登记小程序
新闻url地址为：http://news.youth.cn/jsxw/202208/t20220818_13930753.htm
新闻发布时间为：2022-08-18 14:51:00
新闻标题为：青海大通山洪灾害又搜救18名失联人员
新闻url地址为：http://news.youth.cn/jsxw/202208/t20220818_13930727.htm
新闻发布时间为：2022-08-18 14:44:00

（4）find()方法中containing参数

如果需要获取li标签中指定的新闻内容时，可以使用find()方法中的containing参数，以获取关于"人口"相关新闻内容为例，示例代码如下：

```
01  for li in r.html.find('li',containing='人口'):
02      news_title = li.find('a')[0].text  # 提取新闻标题内容
03      # 获取新闻详情对应的地址
04      news_href = 'http://news.youth.cn/jsxw'+\
05                  li.find('a[href]')[0].attrs.get('href').lstrip('.')
06      news_time = li.find('font')[0].text  # 获取新闻发布的时间
07      print('新闻标题为：', news_title)  # 打印新闻标题
08      print('新闻url地址为：',news_href) # 打印新闻url地址
09      print('新闻发布时间为：',news_time)# 打印新闻发布时间
```

（5）search()方法与search_all()方法

除了使用find()与xpath()这两种方法来提取数据以外，还可以使用search()或是search_all()方法，通过关键字提取相应的数据信息。其中search()方法表示查找符合条件的第一个元素，而search_all()方法则表示查找符合条件的所有元素。

以使用search()方法获取关于"人口"新闻信息为例，示例代码如下：

```
01  for li in r.html.find('li',containing='人口'):
02      a = li.search('<a href="{}">{}</a>')    # 获取li标签中a标签内的新闻地址与新闻标题
```

```
03          news_title = a[1]                                      # 提取新闻标题
04          news_href = 'http://news.youth.cn/jsxw'+a[0]           # 提取新闻地址
05          news_time = li.search('<font>{}</font>')[0]            # 获取与人口相关新闻
的发布时间
06          print('新闻标题为：', news_title)     # 打印新闻标题
07          print('新闻url地址为：',news_href)    # 打印新闻url地址
08          print('新闻发布时间为：',news_time)   # 打印新闻发布时间
```

以使用search_all()方法获取关于"人口"新闻信息为例，示例代码如下：

```
01  import re                        # 导入正则表达式模块
02  # 获取class=tj3_1的标签
03  class_tj3_1 = r.html.xpath('.//ul[@class="tj3_1"]')
04  # 使用search_all()方法获取所有class=tj3_1中的li标签
05  li_all = class_tj3_1[0].search_all('<li>{}</li>')
06  for li in li_all:                # 循环遍历所有的li标签内容
07      if '人口' in li[0]:  # 判断li标签内容中是否存在关键字"人口"
08          # 通过正则表达式获取a标签中的新闻信息
09          a = re.findall('<font>(.*?)</font><a href="(.*?)">(.*?)</a>',li[0])
10          news_title = a[0][2]                                   # 提取新闻标题
11          news_href = 'http://news.youth.cn/jsxw'+a[0][1]        # 提取新闻地址
12          news_time = a[0][0]                                    # 提取新闻发布时间
13          print('新闻标题为：', news_title)     # 打印新闻标题
14          print('新闻url地址为：',news_href)    # 打印新闻url地址
15          print('新闻发布时间为：',news_time)   # 打印新闻发布时间
```

> **说明** 在使用 search() 与 search_all() 方法获取数据时，方法中的一个 {} 表示获取一个内容。

5.3.3 获取动态加载的数据

实例 5.2 获取动态加载的数据

在爬取网页数据时，经常会遇到直接对网页地址发送请求，可返回的HTML代码中并没有所需要的数据的情况，这样的情况，多数是因为网页数据使用了动态加载的技术。例如爬取（https://www.taobao.com）某宝首页猜你喜欢的宝贝（指商品，下同）数据时，就会遇到动态加载数据的情况，数据如图5.3所示。

图5.3 宝贝数据

Requests-HTML模块提供了render()方法,第一次调用该方法将会自动下载Chromium浏览器,然后通过该浏览器直接加载JavaScript渲染后的信息,使用render()方法爬取宝贝数据的具体步骤如下。

① 创建HTML会话与随机请求头对象,然后发送网络请求,在请求成功的情况下调用render()方法获取网页中JavaScript渲染后的信息。代码如下:

```
01  from requests_html import HTMLSession,UserAgent    # 导入HTMLSession类
02
03  session = HTMLSession()                # 创建HTML会话对象
04  ua = UserAgent().random                # 创建随机请求头
05  # 发送网络请求
06  r = session.get('https://www.taobao.com/',headers = {'user-agent': ua})
07  r.encoding='gb2312'                    # 编码
08  if r.status_code == 200:               # 判断请求是否成功
09      r.html.render()                    # 调用render()方法,没有Chromium浏览器就
自动下载
```

② 运行步骤①中代码,由于第一次调用render()方法,所以会自动下载Chromium浏览器,下载完成后控制台将显示如图5.4所示的提示信息。

```
[W:pyppeteer.chromium_downloader] start chromium download.
Download may take a few minutes.
100%|██████████| 133194757/133194757 [03:46<00:00, 588708
.69it/s]
[W:pyppeteer.chromium_downloader]
chromium download done.
[W:pyppeteer.chromium_downloader] chromium extracted to:
C:\Users\Administrator\AppData\Local\pyppeteer\pyppeteer\local
-chromium\575458
```

图5.4　Chromium浏览器下载完成后的提示信息

> **注意**　在第一次调用render()方法时，可能会出现如图5.5所示的错误信息。此时在命令提示符窗口中执行pip install -U "urllib3<1.25"命令，降低Anaconda中urllib3模块的版本即可解决。

```
File "G:\Python\Anaconda\lib\site-packages\urllib3\util\retry.py", line 436, in increment
    raise MaxRetryError(_pool, url, error or ResponseError(cause))
urllib3.exceptions.MaxRetryError: HTTPSConnectionPool(host='storage.googleapis.com', port=443): Max
retries exceeded with url: /chromium-browser-snapshots/Win_x64/588589/chrome-win32.zip (Caused by
SSLError(SSLError("bad handshake: Error([('SSL routines', 'tls_process_server_certificate',
'certificate verify failed')])")))

Process finished with exit code 1
```

图5.5　错误提示信息

③ 打开浏览器开发者工具，在"Elements"的功能选项中确认宝贝信息所在HTML标签的位置，如图5.6所示。

图5.6　获取宝贝信息的标签位置

④ 编写获取宝贝信息的代码，首先获取所有宝贝对应的a标签，然后在a标签中获取详情页地址，接着在a标签中获取宝贝的标题与价格。代码如下：

```
01  a_href_all = r.html.xpath('//a[@class="item-link"]')  # 获取所有宝贝对应的标签
02  for a in a_href_all:
03      href=a.attrs.get('href')         # 获取详情页地址
04      if 'http'not in href:            # 检测地址中是否含有http
05          href='http:'+href            # 地址中没有http的添加
06      title = a.find('div.title',first=True)          # 获取宝贝的标题
07      price = a.find('span.price-value',first=True)   # 获取宝贝的价格
08      print('宝贝标题名称：',title.text)    # 打印宝贝名称
09      print('宝贝价格：',price.text)       # 打印宝贝价格
10      print('宝贝详情页地址：',href)        # 打印宝贝详情地址
```

程序运行的部分结果如下：

宝贝标题名称：恐龙公仔毛绒玩具玩偶床上睡觉长条夹腿抱枕布娃娃送女生生日礼物
宝贝价格：¥12.9
宝贝详情页地址：http://item.taobao.com/item.htm?id=670653734656&scm=1007.40986.275655.0&pvid=f4d130aa-ccb1-4bfd-873e-0371366df6b9
宝贝标题名称：多层塑料抽屉式收纳柜宝宝衣柜家用婴儿玩具盒整理箱儿童储物柜子
宝贝价格：¥108
宝贝详情页地址：http://item.taobao.com/item.htm?id=638337392473&scm=1007.40986.275655.0&pvid=f4d130aa-ccb1-4bfd-873e-0371366df6b9
宝贝标题名称：上新ins小包包女斜挎包2022新款简约少女百搭小清新单肩尼龙布包
宝贝价格：¥9.9
宝贝详情页地址：http://item.taobao.com/item.htm?id=669577450930&scm=1007.40986.275655.0&pvid=21e2d603-6b0c-4afe-a5da-f576eccc8f00
宝贝标题名称：啊呜鲨鱼抱枕条条薯条同款毛绒玩具床上陪睡抱枕玩偶公仔生日礼物
宝贝价格：¥12.9
宝贝详情页地址：http://item.taobao.com/item.htm?id=602339378775&scm=1007.40986.275655.0&pvid=21e2d603-6b0c-4afe-a5da-f576eccc8f00

本章知识思维导图

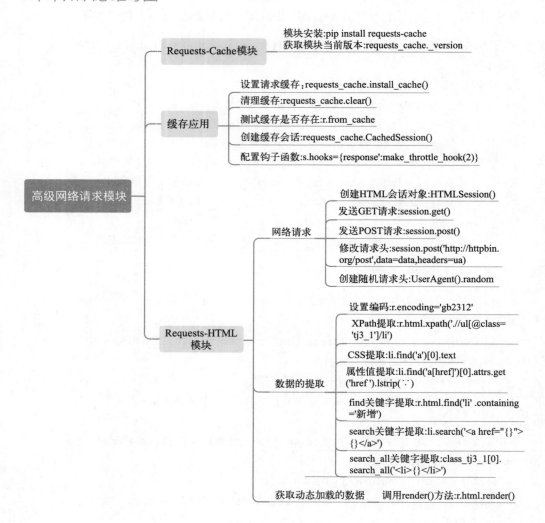

第3篇
数据解析与存储篇

第 6 章

re模块的正则表达式

本章学习目标

- ☑ 掌握 re 模块正则表达的使用
- ☑ 熟练掌握 search 方法的应用
- ☑ 熟练掌握 findall 方法的应用
- ☑ 熟悉字符串的处理
- ☑ 掌握正则表达式在实践案例中的应用

6.1 使用 search() 方法匹配字符串

re模块中的search()方法用于在整个字符串中搜索第一个匹配的值,如果在第一匹配位置匹配成功,则返回Match对象,否则返回None。其语法格式如下:

```
re.search(pattern, string, [flags])
```

参数说明如下:
- ☑ pattern:表示模式字符串,由要匹配的正则表达式转换而来。
- ☑ string:表示要匹配的字符串。
- ☑ flags:可选参数,表示修饰符,用于控制匹配方式,如是否区分字母大小写。

6.1.1 获取第一个指定字符开头的字符串

实例 6.1 搜索第一个"mr_"开头的字符串

以搜索第一个"mr_"开头的字符串为例,不区分字母大小写,代码如下:

```
01  import re
02  pattern = 'mr_\w+'                              # 模式字符串
```

```
03  string = 'MR_SHOP mr_shop'                      # 要匹配的字符串
04  match = re.search(pattern,string,re.I)          # 搜索字符串，不区分大小写
05  print(match)                                     # 输出匹配结果
06  string = '项目名称MR_SHOP mr_shop'
07  match = re.search(pattern,string,re.I)          # 搜索字符串，不区分大小写
08  print(match)                                     # 输出匹配结果
```

执行结果如下。

```
<_sre.SRE_Match object; span=(0, 7), match='MR_SHOP'>
<_sre.SRE_Match object; span=(4, 11), match='MR_SHOP'>
```

从上面的运行结果中可以看出，search()方法不仅仅是在字符串的起始位置搜索，其他位置有符合的匹配也可以。

6.1.2 可选匹配

实例 6.2 可选匹配字符串中的内容

在匹配字符串时，有时会遇到部分内容可有可无的情况，对于这样的情况可以使用"?"来解决。"?"可以理解为可选符号，通过该符号即可实现可选匹配字符串中的内容。代码如下：

```
01  import re                                       # 导入re模块
02  # 表达式,(\d?)+表示多个数字可有可无, \s 空格可有可无, ([\u4e00-\u9fa5]?)+
    多个汉字可有可无
03  pattern = '(\d?)+mrsoft\s?([\u4e00-\u9fa5]?)+'
04  match = re.search(pattern,'01mrsoft')           # 匹配字符串,mrsoft前有01数字,
    匹配成功
05  print(match)                                     # 打印匹配结果
06  match = re.search(pattern,'mrsoft')             # 匹配字符串，mrsoft匹配成功
07  print(match)                                     # 打印匹配结果
08  match = re.search(pattern,'mrsoft ')            # 匹配字符串，mrsoft后面有一个空
    格，匹配成功
09  print(match)                                     # 打印匹配结果
10  match = re.search(pattern,'mrsoft 第一')         # 匹配字符串，mrsoft后面有空格
    和汉字，匹配成功
11  print(match)                                     # 打印匹配结果
12  match = re.search(pattern,'rsoft 第一')          # 匹配字符串，rsoft后面有空格和
    汉字，匹配失败
13  print(match)                                     # 打印匹配结果
```

程序运行结果如下：

```
<re.Match object; span=(0, 8), match='01mrsoft'>
<re.Match object; span=(0, 6), match='mrsoft'>
<re.Match object; span=(0, 7), match='mrsoft '>
<re.Match object; span=(0, 9), match='mrsoft 第一'>
None
```

从以上的运行结果中可以看出，"01mrsoft""mrsoft""mrsoft ""mrsoft 第一"均可匹配成功，只有"rsoft 第一"没有匹配成功，因为该字符串中没有一个完整的mrsoft。

6.1.3 匹配字符串边界

实例6.3 使用"\b"匹配字符串的边界

例如字符串在开始处、结尾处，或者是字符串的分界符为空格、标点符号以及换行。匹配字符串边界的示例代码如下：

```
01  import re                              # 导入re模块
02  pattern = r'\bmr\b'                    # 表达式，mr两侧均有边界
03  match = re.search(pattern,'mrsoft')    # 匹配字符串,mr右侧不是边界是soft,
匹配失败
04  print(match)                           # 打印匹配结果
05  match = re.search(pattern,'mr soft')   # 匹配字符串,mr左侧为边界,右侧为空
格，匹配成功
06  print(match)                           # 打印匹配结果
07  match = re.search(pattern,' mrsoft ')  # 匹配字符串,mr左侧为空格,右侧为
soft空格，匹配失败
08  print(match)                           # 打印匹配结果
09  match = re.search(pattern,'mr.soft')   # 匹配字符串,mr左侧为边界,右侧为
"."，匹配成功
10  print(match)                           # 打印匹配结果
```

程序运行结果如下：

```
None
<re.Match object; span=(0, 2), match='mr'>
None
<re.Match object; span=(0, 2), match='mr'>
```

表达式中的r表示"\b"不进行转义,如果将表达式中的r去掉将无法进行字符串边界的匹配。

6.2 使用 findall() 方法匹配字符串

re模块的findall()方法用于在整个字符串中搜索所有符合正则表达式的字符串,并以列表的形式返回。如果匹配成功,则返回包含匹配结构的列表,否则返回空列表。其语法格式如下:

```
re.findall(pattern, string, [flags])
```

参数说明如下:
- pattern:表示模式字符串,由要匹配的正则表达式转换而来。
- string:表示要匹配的字符串。
- flags:可选参数,表示修饰符,用于控制匹配方式,如是否区分字母大小写。

6.2.1 匹配所有指定字符开头的字符串

实例 6.4 匹配所有以"mr_"开头的字符串

以搜索"mr_"开头的字符串为例,代码如下:

```
01  import re
02  pattern = 'mr_\w+'                              # 模式字符串
03  string = 'MR_SHOP mr_shop'                      # 要匹配的字符串
04  match = re.findall(pattern,string,re.I)         # 搜索字符串,不区分大小写
05  print(match)                                    # 输出匹配结果
06  string = '项目名称MR_SHOP mr_shop'
07  match = re.findall(pattern,string)              # 搜索字符串,区分大小写
08  print(match)                                    # 输出匹配结果
```

执行结果如下。

```
['MR_SHOP', 'mr_shop']
['mr_shop']
```

6.2.2 贪婪匹配

实例 6.5 使用 ".*" 实现贪婪匹配字符串

如果需要匹配一段包含不同类型数据的字符串时，需要挨个字符地匹配，如果使用这种传统的匹配方式那将会非常复杂。".*"则是一种万能匹配的方式，其中"."可以匹配除换行符以外的任意字符，而"*"表示匹配前面字符0次或无限次，当它们组合在一起时就变成了万能的匹配方式。以匹配网络地址的中间部分为例，代码如下：

```
01  import re                                      # 导入re模块
02  pattern = 'https://.*/'                        # 表达式，".*"获取www.hao123.com
03  match = re.findall(pattern,'https://www.hao123.com/')   # 匹配字符串
04  print(match)                                   # 打印匹配结果
```

程序运行结果如下：

```
['https://www.hao123.com/']
```

匹配成功后将打印字符串的所有内容，如果只需要单独获取".*"所匹配的中间内容时，可以使用"(.*)"的方式进行匹配。代码如下：

```
01  import re                                      # 导入re模块
02  pattern = 'https://(.*)/'                      # 表达式，".*"获取www.hao123.com
03  match = re.findall(pattern,'https://www.hao123.com/')   # 匹配字符串
04  print(match)                                   # 打印匹配结果
```

程序运行结果如下：

```
['www.hao123.com']
```

6.2.3 非贪婪匹配

实例 6.6 使用 ".*？" 实现非贪婪匹配字符串

在上一节中我们学习了贪婪匹配，使用起来非常方便，不过在某些情况下，贪婪匹配并不会匹配我们所需要的结果。以获取网络地址 https://www.hao123.com/ 中的 123 数字为例，代码如下：

```
01  import re                                      # 导入re模块
02  pattern = 'https://.*(\d+).com/'               # 表达式，".*"获取www.
```

```
   hao123.com
03 match = re.findall(pattern,'https://www.hao123.com/')    # 匹配字符串
04 print(match)                                              # 打印匹配结果
```

程序运行结果如下：

```
['3']
```

从以上的运行结果中可以看出，"(\d+)"并没有匹配我们所需要的结果123，而是只匹配了一个数字3而已。这是因为在贪婪匹配下".*"会尽量匹配更多的字符，而"\d+"表示至少匹配一个数字但没有指定数字的多少，所以".*"将www.hao12全部匹配了，只把数字3留给"\d+"进行匹配，因此也就有了数字3的结果。

如果需要解决以上问题，其实可以使用非贪婪匹配".*?"，这样的匹配方式可以尽量匹配更少的字符，但不会影响我们需要匹配的数据。修改后代码如下：

```
01 import re                                      # 导入re模块
02 pattern = 'https://.*?(\d+).com/'               # 表达式，".*?"获取www.hao123.com
03 match = re.findall(pattern,'https://www.hao123.com/')    # 匹配字符串
04 print(match)                                    # 打印匹配结果
```

程序运行结果如下：

```
['123']
```

注意 非贪婪匹配虽然有一定的优势，但是如果需要匹配的结果在字符串的尾部时，".*?"就很有可能匹配不到任何内容，因为它会尽量匹配更少的字符。示例代码如下：

```
01 import re                                      # 导入re模块
02 pattern = 'https://(.*?)'                       # 表达式，".*?"获取www.hao123.com/
03 match = re.findall(pattern,'https://www.hao123.com/')    # 匹配字符串
04 print(match)                                    # 打印匹配结果
05 pattern = 'https://(.*)'                        # 表达式，".*"获取www.hao123.com/
06 match = re.findall(pattern,'https://www.hao123.com/')    # 匹配字符串
07 print(match)                                    # 打印匹配结果
```

程序运行结果如下：

```
['']
['www.hao123.com/']
```

6.3 字符串处理

6.3.1 替换字符串

sub()方法用于实现将某个字符串中所有匹配正则表达式的部分，替换成其他字符串。其语法格式如下：

```
re.sub(pattern, repl, string, count, flags)
```

参数说明如下：
- pattern：表示模式字符串，由要匹配的正则表达式转换而来。
- pattern：表示替换的字符串。
- string：表示要被查找替换的原始字符串。
- count：可选参数，表示模式匹配后替换的最大次数，默认值为0，表示替换所有的匹配。
- flags：可选参数，表示修饰符，用于控制匹配方式，例如是否区分字母大小写。

实例 6.7 使用 sub() 方法替换字符串

例如，隐藏中奖信息中的手机号码，代码如下：

```
01  import re
02  pattern = r'1[34578]\d{9}'                         # 定义要替换的模式字符串
03  string = '中奖号码为：84978981 联系电话为：13611111111'
04  result = re.sub(pattern,'1XXXXXXXXXX',string)       # 替换字符串
05  print(result)
```

执行结果如下。

中奖号码为：84978981 联系电话为：1XXXXXXXXXX

sub()方法除了有替换字符串的功能以外，还可以使用该方法实现删除字符串中我们所不需要的数据。例如，删除一段字符串中的所有字母，代码如下：

```
01  import re                                          # 导入re模块
02  string = 'hk400 jhkj6h7k5 jhkjhk1j0k66'            # 需要匹配的字符串
03  pattern = '[a-z]'                                  # 表达式
04  match = re.sub(pattern,'',string,flags=re.I)       # 匹配字符串,将所有字母替换为空,并区分大小写
05  print(match)                                       # 打印匹配结果
```

程序运行结果如下：

```
400 675 1066
```

在re模块中还提供了一个subn()方法，该方法除了也能实现替换字符串的功能以外，还可以返回替换的数量。例如，将一段英文介绍中的名字进行替换，并统计替换的数量。代码如下：

```
01  import re                                    # 导入re模块
02  # 需要匹配的字符串
03  string = 'John,I like you to meet Mr. Wang, Mr. Wang, this is our Sales 
Manager John. John, this is Mr. Wang.'
04  pattern = 'Wang'          # 表达式
05  match = re.subn(pattern,'Li',string)    # 匹配字符串,将所有Wang替换为Li,
并统计替换次数
06  print(match)                                 # 打印匹配结果
07  print(match[1])                              # 打印匹配次数
```

程序运行结果如下：

```
('John,I like you to meet Mr. Li, Mr. Li, this is our Sales Manager 
John. John, this is Mr. Li.', 3)
 3
```

从以上的运行结果中可以看出，替换后所返回的数据为一个元组，第一个元素为替换后的字符串，而第二个元素为替换的次数，这里可以直接使用索引获取替换的次数。

6.3.2 分割字符串

split()方法用于实现根据正则表达式分割字符串，并以列表的形式返回。其语法格式如下：

```
re.split(pattern, string, [maxsplit], [flags])
```

参数说明如下：

- ☑ pattern：表示模式字符串，由要匹配的正则表达式转换而来。
- ☑ string：表示要匹配的字符串。
- ☑ maxsplit：可选参数，表示最大的拆分次数。
- ☑ flags：可选参数，表示修饰符，用于控制匹配方式，如是否区分字母大小写。

实例 6.8 使用 split() 方法分割字符串

例如，从给定的URL地址中提取出请求地址和各个参数，代码如下：

```
01  import re
02  pattern = r'[?|&]'                    # 定义分割符
03  url = 'http://www.mingrisoft.com/login.jsp?username="mr"&pwd="mrsoft"'
04  result = re.split(pattern,url)        # 分割字符串
05  print(result)
```

执行结果如下。

```
['http://www.mingrisoft.com/login.jsp', 'username="mr"', 'pwd="mrsoft"']
```

如果需要分割的字符串非常大，并且不希望使用模式字符串一直分割下去，此时可以指定 split() 方法中的 maxsplit 参数来指定最大的分割次数。示例代码如下：

```
01  import re                              # 导入re模块
02  # 需要匹配的字符串
03  string = '预定|K7577|CCT|THL|CCT|LYL|14:47|16:51|02:04|Y|'
04  pattern = '\|'                         # 表达式
05  match = re.split(pattern,string,maxsplit=1)  # 匹配字符串，通过第一次出现的|进行分割
06  print(match)                           # 打印匹配结果
```

程序运行结果如下：

```
['预定', 'K7577|CCT|THL|CCT|LYL|14:47|16:51|02:04|Y|']
```

6.4 案例：爬取编程e学网视频

本节我们将使用requests模块与正则表达式，爬取编程e学网中的某个视频。在爬取前，需要先设计一下爬取思路。首先我们需要找到视频页面，然后分析视频的url地址，最后根据爬取的url地址实现视频的下载工作。

6.4.1 查找视频页面

既然是爬取视频，那么爬虫的第一步就是找到视频的指定页面，具体步骤如下。

① 在浏览器中打开"编程e学网"（http://test.mingribook.com）地址，然后将页面滑动至下面的"精彩课程"区域，鼠标单击"第一课 初识Java"，如图6.1所示。

图6.1　查看精彩课程

② 在视频列表中找到第1节"什么是Java"，然后鼠标单击"什么是Java"，查看对应课程视频，如图6.2所示。

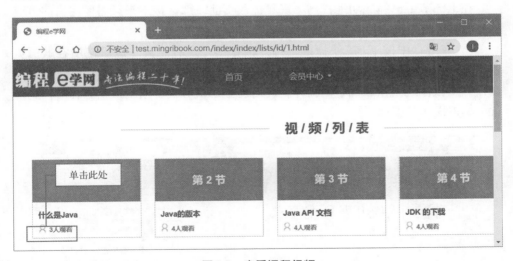

图6.2　查看课程视频

③ 单击"什么是Java"以后，将自动打开当前课程的视频页面，如图6.3所示。

图6.3 视频播放页面

说明 此处需要保留当前页面的网络地址（http://test.mingribook.com/index/index/view/id/1.html），用于爬虫程序的请求地址。

6.4.2 分析视频地址

在上一节中已经成功地找到了视频播放页面，那么接下来只需要在当前页面的 HTML 代码中找到视频地址即可。

① 在键盘中按下 F12 快捷键，打开浏览器开发者工具（这里使用谷歌浏览器），然后在顶部导航条中选择"Elements"选项，接着单击导航条左侧的 图标，再用鼠标选中播放视频的窗体，此时将显示视频窗体所对应的 HTML 代码位置。具体操作步骤如图6.4所示。

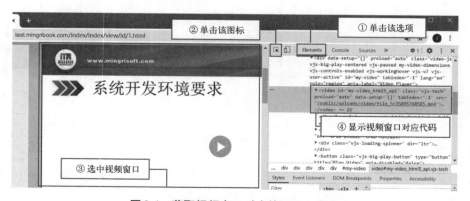

图6.4 获取视频窗口对应的 HTML 代码

② 在视频窗口对应的HTML代码中，找到.mp4结尾的链接地址，如图6.5所示。

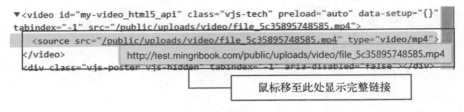

图6.5 找到视频链接

③ 由于HTML代码中的链接地址并不完整，所以需要先将网站首页地址与视频链接地址进行拼接，然后在浏览器中打开拼接后的完整地址，测试是否可以正常观看视频，如图6.6所示。

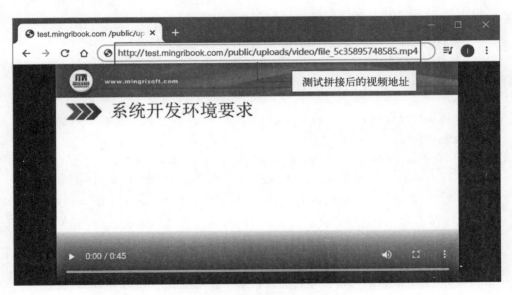

图6.6 测试拼接后的视频地址

6.4.3 实现视频下载

（实例6.9） 编写视频下载的爬虫程序

视频地址分析完成以后，接下来则需要编写爬虫代码，首先需要定义视频播放页面的url与请求头信息，然后用requests.get()方法发送网络请求，接着在返回的HTML代码中，通过正则表达式匹配视频地址的数据并将视频地址拼接完整，最后再次对拼接后的视频地址发送网络请求，通过open()函数将返回的视频二进制数据写成视频文件。代码如下：

```
01  import requests              # 导入requests模块
02  import re                    # 导入re模块
03  # 定义视频播放页面的url
04  url = 'http://test.mingribook.com/index/index/view/id/1.html'
05  # 定义请求头信息
06  headers = {'User-Agent':'Mozilla/5.0 (Windows NT 10.0; WOW64) AppleWebKit/537.36 (KHTML, like Gecko) Chrome/83.0.4103.61 Safari/537.36'}
07  response = requests.get(url=url,headers=headers)    # 发送网络请求
08  if response.status_code==200:   # 判断请求成功后
09      # 通过正则表达式匹配视频地址
10      video_url = re.findall('<source src="(.*?)" type="video/mp4">',response.text)[0]
11      video_url='http://test.mingribook.com/'+video_url   # 将视频地址拼接完整
12      video_response = requests.get(url=video_url,headers=headers)  # 发送下载视频的网络请求
13      if video_response.status_code==200:       # 如果请求成功
14          data = video_response.content         # 获取返回的视频二进制数据
15          file =open('java视频.mp4','wb')       # 创建open对象
16          file.write(data)                      # 写入数据
17          file.close()                          # 关闭
```

程序执行完成以后，将在项目文件目录下自动生成"java视频.mp4"文件，如图6.7所示。

图6.7 下载的java视频.mp4文件

本章知识思维导图

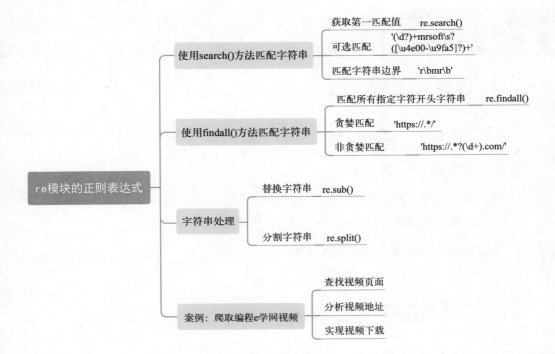

第 7 章

XPath 的使用

本章学习目标

- ☑ 熟练掌握 XPath 的使用
- ☑ 掌握使用 XPath 提取每个节点中的数据
- ☑ 熟悉网页中常见的节点名称
- ☑ 掌握 XPath 在案例中的实际应用

7.1 XPath 概述

XPath 是 XML 路径语言,全名为 "XML Path Language",是一门可以在 XML 文件中查找信息的语言。该语言不仅可以实现 XML 文件的搜索,还可以在 HTML 文件中进行搜索。所以在爬虫中可以使用 XPath 在 HTML 文件或代码中进行可用信息的抓取。

XPath 的功能非常强大,不仅提供了简洁明了的路径表达式,还提供了 100 多个函数,可用于字符串、数值、时间比较、序列处理、逻辑值等。XPath 于 1999 年 11 月 16 日成为 W3C 标准,被设计为供 XSLT、XPointer 以及其他 XML 解析软件使用,XPath 使用路径表达式在 XML 或 HTML 中选取节点,最常用的路径表达式如表 7.1 所示。

表 7.1 XPath 常用路径表达式

表达式	描述
nodename	选取此节点的所有子节点
/	从当前节点选取子节点
//	从当前节点选取子孙节点
.	选取当前节点
..	选取当前节点的父节点
@	选取属性
*	选取所有节点

关于XPath的更多文档可以查询官方网站（https://www.w3.org/TR/xpath/all/）。

7.2 XPath 的解析操作

在Python中可以支持XPath提取数据的解析模块有很多，这里主要介绍lxml模块，该模块可以解析HTML与XML，并且支持XPath解析方式。因为lxml模块的底层是通过C语言所编写的，所以在解析效率方面是非常优秀的。由于lxml模块为第三方模块，如果读者没有使用Anaconda则需要通过pip install lxml命令安装该模块。

7.2.1 解析HTML

（1）parse()方法

实例7.1 解析本地的HTML文件

parse()方法主要用于实现解析本地的HTML文件，示例代码如下：

```
01  from lxml import etree        # 导入etree子模块
02  parser=etree.HTMLParser()     # 创建HTMLParser对象
03  html = etree.parse('demo.html',parser=parser)   # 解析demo.html文件
04  html_txt = etree.tostring(html,encoding = "utf-8")    # 转换字符串类型，并进行编码
05  print(html_txt.decode('utf-8'))    # 打印解码后的HTML代码
```

程序运行结果如图7.1所示。

```
<!DOCTYPE html PUBLIC "-//W3C//DTD XHTML 1.0 Transitional//EN" "http://www.w3
.org/TR/xhtml1/DTD/xhtml1-transitional.dtd">
<!-- saved from url=(0038)http://sck.rjkflm.com:666/spider/auth/ --><html xmlns="http://www.w3
.org/1999/xhtml" xmlns="http://www.w3.org/1999/xhtml"><head><meta http-equiv="Content-Type"
 content="text/html; charset=UTF-8" />

<title>标题文档</title>
</head>

<body>
<img src="./demo_files/logo1.png" />
<br />
hello 明日科技 ~
</body></html>
```

图7.1 解析本地的HTML文件

（2）HTML()方法

实例 7.2 解析字符串类型的 HTML 代码

etree 子模块还提供了一个 HTML() 方法，该方法可以实现解析字符串类型的 HTML 代码。示例代码如下：

```
01  from lxml import etree       # 导入etree子模块
02  # 定义html字符串
03  html_str = '''
04  <title>标题文档</title>
05  </head>
06  <body>
07  <img src="./demo_files/logo1.png" />
08  <br />
09  hello 明日科技 ~
10  </body></html>'''
11  html = etree.HTML(html_str)     # 解析html字符串
12  html_txt = etree.tostring(html,encoding = "utf-8")    # 转换字符串类型，并进行编码
13  print(html_txt.decode('utf-8'))      # 打印解码后的HTML代码
```

程序运行结果如图 7.2 所示。

```
<html><head><title>标题文档</title>
</head>
<body>
<img src="./demo_files/logo1.png"/>
<br/>
hello 明日科技 ~
</body></html>
```

图 7.2 解析字符串类型的 HTML 代码

实例 7.3 解析服务器返回的 HTML 代码

在实际开发中，HTML() 方法的使用率是非常高的，因为发送网络请求后，多数情况下都会将返回的响应结果转换为字符串类型，如果返回的结果是 HTML 代码，则需要使用 HTML() 方法来进行解析。示例代码如下：

```
01  from lxml import etree         # 导入etree子模块
02  import requests                # 导入requests模块
03  from requests.auth import HTTPBasicAuth   # 导入HTTPBasicAuth类
04  # 定义请求地址
05  url = 'http://test.mingribook.com/spider/auth/'
```

```
06  ah = HTTPBasicAuth('admin','admin')        # 创建HTTPBasicAuth对象，参数
为用户名与密码
07  response = requests.get(url=url,auth=ah)  # 发送网络请求
08  if response.status_code==200:             # 如果请求成功
09      html = etree.HTML(response.text)      # 解析html字符串
10      html_txt = etree.tostring(html,encoding = "utf-8")  # 转换字符串类
型，并进行编码
11      print(html_txt.decode('utf-8'))       # 打印解码后的HTML代码
```

程序运行结果如图7.3所示。

```
<html xmlns="http://www.w3.org/1999/xhtml" xmlns="http://www.w3.org/1999/xhtml">&#13;
<head>&#13;
<meta http-equiv="Content-Type" content="text/html; charset=utf-8" />&#13;
<title>标题文档</title>&#13;
</head>&#13;
&#13;
<body>&#13;
<img src="../images/logo1.png" />&#13;
<br />&#13;
hello 明日科技 ~&#13;
</body>&#13;
</html>
```

图7.3 解析服务器返回的HTML代码

注意 图7.3中的""表示Unicode回车字符。

7.2.2 获取所有节点

实例7.4 获取HTML代码的所有节点

在获取HTML代码中的所有节点时，可以使用"//*"的方式，示例代码如下：

```
01  from lxml import etree        # 导入etree子模块
02  # 定义html字符串
03  html_str = '''
04  <div class="level_one on">
05  <ul>
06  <li> <a href="/index/index/view/id/1.html" title="什么是Java" class="on">什么是Java</a> </li>
07  <li> <a href="javascript:" onclick="login(0)" title="Java的版本">Java的版本</a> </li>
```

```
08  <li> <a href="javascript:" onclick="login(0)" title="Java API文档
    ">Java API文档</a> </li>
09  <li> <a href="javascript:" onclick="login(0)" title="JDK的下载">JDK的
    下载</a> </li>
10  <li> <a href="javascript:" onclick="login(0)" title="JDK的安装">JDK的
    安装</a> </li>
11  <li> <a href="javascript:" onclick="login(0)" title="配置JDK">配置
    JDK</a> </li>
12  </ul>
13  </div>
14  '''
15  html = etree.HTML(html_str)        # 解析html字符串
16  node_all = html.xpath('//*')       # 获取所有节点
17  print('数据类型: ',type(node_all))         # 打印数据类型
18  print('数据长度: ',len(node_all))          # 打印数据长度
19  print('数据内容: ',node_all)               # 打印数据内容
20  # 通过推导式打印所有节点名称，通过节点对象.tag获取节点名称
21  print('节点名称: ',[i.tag for i in node_all])
```

程序运行结果如下：

```
数据类型: <class 'list'>
数据长度: 16
数据内容: [<Element html at 0x1f3b8e6a408>, <Element body at 0x1f3b8fbb148>,
<Element div at 0x1f3b8fbb1c8>, <Element ul at 0x1f3b8fbb208>, <Element li at
0x1f3b8fbb408>, <Element a at 0x1f3b8fbb448>, <Element li at 0x1f3b8fbb4c8>,
<Element a at 0x1f3b8fbb508>, <Element li at 0x1f3b8fbb548>, <Element a at
0x1f3b8fbb308>, <Element li at 0x1f3b8fbb588>, <Element a at 0x1f3b8fbb5c8>,
<Element li at 0x1f3b8fbb608>, <Element a at 0x1f3b8fbb648>, <Element li at
0x1f3b8fbb688>, <Element a at 0x1f3b8fbb6c8>]
节点名称: ['html', 'body', 'div', 'ul', 'li', 'a', 'li', 'a', 'li', 'a',
'li', 'a', 'li', 'a', 'li', 'a']
```

如果需要获取HTML代码中所有指定名称的节点时，可以在"//"的后面添加节点的名称，以获取所有"li"节点为例，关键代码如下：

```
01  html = etree.HTML(html_str)      # 解析html字符串，html字符串为上一示例的
    html字符串
02  li_all = html.xpath('//li')      # 获取所有li节点
03  print('所有li节点',li_all)         # 打印所有li节点
04  print('获取指定li节点: ',li_all[1])  # 打印指定li节点
```

```
05  li_txt = etree.tostring(li_all[1],encoding = "utf-8")    # 转换字符串类
型,并进行编码
06  # 打印指定节点的HTML代码
07  print('获取指定节点HTML代码：',li_txt.decode('utf-8'))
```

程序运行结果如下：

```
所有li节点 [<Element li at 0x1f90ebfc0c8>, <Element li at 0x1f90ebfc148>,
<Element li at 0x1f90ebfc188>, <Element li at 0x1f90ebfc388>, <Element li
at 0x1f90ebfc288>, <Element li at 0x1f90ebfc448>]
获取指定li节点：<Element li at 0x1f90ebfc148>
获取指定节点HTML代码：<li> <a href="javascript:" onclick="login(0)"
title="Java的版本">Java的版本</a> </li>
```

7.2.3 获取子节点

📖 **(实例7.5)** 获取一个节点中的子节点

如果需要获取一个节点中的直接子节点可以使用"/"，例如获取li节点中所有子节点a，可以使用"//li/a"的方式进行获取，示例代码如下：

```
01  from lxml import etree      # 导入etree子模块
02  # 定义html字符串
03  html_str = '''
04  <div class="level_one on">
05  <ul>
06  <li>
07      <a href="/index/index/view/id/1.html" title="什么是Java"
class="on">什么是Java</a>
08      <a>Java</a>
09  </li>
10  <li> <a href="javascript:" onclick="login(0)" title="Java的版本">Java
的版本</a> </li>
11  <li> <a href="javascript:" onclick="login(0)" title="Java API文档
">Java API文档</a> </li>
12  </ul>
13  </div>
14  '''
15  html = etree.HTML(html_str)      # 解析html字符串
16  a_all = html.xpath('//li/a')     # 获取li节点中所有子节点a
17  print('所有子节点a',a_all)         # 打印所有a节点
18  print('获取指定a节点：',a_all[1])  # 打印指定a节点
```

```
19  a_txt = etree.tostring(a_all[1],encoding = "utf-8")      # 转换字符串类型，
并进行编码
20  # 打印指定节点的HTML代码
21  print('获取指定节点HTML代码：',a_txt.decode('utf-8'))
```

程序运行结果如下：

```
所有子节点a [<Element a at 0x1ca29a9c148>, <Element a at 0x1ca29a9c108>,
<Element a at 0x1ca29a9c188>, <Element a at 0x1ca29a9c1c8>]
获取指定a节点：<Element a at 0x1ca29a9c108>
获取指定节点HTML代码：<a>Java</a>
```

实例7.6 获取子孙节点

"/"可以用来获取直接的子节点，如果需要获取子孙节点时，就可以使用"//"来实现，以获取ul节点中所有子孙节点a为例，示例代码如下：

```
01  from lxml import etree       # 导入etree子模块
02  # 定义html字符串
03  html_str = '''
04  <div class="level_one on">
05  <ul>
06  <li>
07      <a href="/index/index/view/id/1.html" title="什么是Java" class="on">什么是Java</a>
08      <a>Java</a>
09  </li>
10  <li> <a href="javascript:" onclick="login(0)" title="Java的版本">Java的版本</a> </li>
11  <li>
12      <a href="javascript:" onclick="login(0)" title="Java API文档">
13          <a>a节点中的a节点</a>
14      </a>
15  </li>
16  </ul>
17  </div>
18  '''
19  html = etree.HTML(html_str)          # 解析html字符串
20  a_all = html.xpath('//ul//a')        # 获取ul节点中所有子孙节点a
21  print('所有子节点a',a_all)            # 打印所有a节点
22  print('获取指定a节点：',a_all[4])     # 打印指定a节点
23  a_txt = etree.tostring(a_all[4],encoding = "utf-8")      # 转换字符串类型，
```

并进行编码
```
24  # 打印指定节点的HTML代码
25  print('获取指定节点HTML代码：',a_txt.decode('utf-8'))
```

程序运行结果如下：

```
所有子节点a [<Element a at 0x1a81b50c108>, <Element a at 0x1a81b50c188>, <Element a at 0x1a81b50c1c8>, <Element a at 0x1a81b50c3c8>, <Element a at 0x1a81b50c2c8>]
获取指定a节点：<Element a at 0x1a81b50c2c8>
获取指定节点HTML代码：<a>a节点中的a节点</a>
```

> **说明** 在获取ul子孙节点时，如果使用"//ul/a"的方式获取，是无法匹配任何结果的。因为"/"用来获取直接子节点，ul的直接子节点为li，并没有a节点，所以无法匹配。

7.2.4 获取父节点

实例7.7 获取一个节点的父节点

在获取一个节点的父节点时，可以使用".."来实现，以获取所有a节点的父节点为例，代码如下：

```
01  from lxml import etree     # 导入etree子模块
02  # 定义html字符串
03  html_str = '''
04  <div class="level_one on">
05  <ul>
06  <li><a href="/index/index/view/id/1.html" title="什么是Java" class="on">什么是Java</a></li>
07  <li> <a href="javascript:" onclick="login(0)" title="Java的版本">Java的版本</a> </li>
08  </ul>
09  </div>
10  '''
11  html = etree.HTML(html_str)       # 解析html字符串
12  a_all_parent = html.xpath('//a/..')    # 获取所有a节点的父节点
13  print('所有a的父节点',a_all_parent)     # 打印所有a的父节点
14  print('获取指定a的父节点：',a_all_parent[0])  # 打印指定a的父节点
15  a_txt = etree.tostring(a_all_parent[0],encoding = "utf-8")   # 转换字符串类型，并进行编码
```

```
16  # 打印指定节点的HTML代码
17  print('获取指定节点HTML代码: \n',a_txt.decode('utf-8'))
```

程序运行结果如下：

```
所有a的父节点 [<Element li at 0x224a919c0c8>, <Element li at 0x224a919c148>]
获取指定a的父节点: <Element li at 0x224a919c0c8>
获取指定节点HTML代码:
 <li><a href="/index/index/view/id/1.html" title="什么是Java" class="on">什么是Java</a></li>
```

说明 除了使用 ".." 获取一个节点的父节点以外，还可以使用 "/parent::*" 的方式来获取。

7.2.5 获取文本

实例 7.8 获取 HTML 代码中的文本

使用 XPath 获取 HTML 代码中的文本时，可以使用 text() 方法。例如，获取所有 a 节点中的文本信息。代码如下：

```
01  from lxml import etree      # 导入etree子模块
02  # 定义html字符串
03  html_str = '''
04  <div class="level_one on">
05  <ul>
06  <li><a href="/index/index/view/id/1.html" title="什么是Java" class="on">什么是Java</a></li>
07  <li> <a href="javascript:" onclick="login(0)" title="Java的版本">Java的版本</a> </li>
08  </ul>
09  </div>
10  '''
11  html = etree.HTML(html_str)       # 解析html字符串
12  a_text = html.xpath('//a/text()')    # 获取所有a节点中的文本信息
13  print('所有a节点中文本信息: ',a_text)
```

程序运行结果如下：

```
所有a节点中文本信息: ['什么是Java', 'Java的版本']
```

7.2.6 属性匹配

（1）使用"[@…]"实现节点属性的匹配

实例 7.9 使用"[@...]"实现节点属性的匹配

如果需要更精确地获取某个节点中的内容时，可以使用"[@...]"实现节点属性的匹配，其中"..."表示属性匹配的条件。例如，获取所有class="level"的所有div节点。代码如下：

```
01  from lxml import etree      # 导入etree子模块
02  # 定义html字符串
03  html_str = '''
04  <div class="video_scroll">
05      <div class="level">什么是Java</div>
06      <div class="level">Java的版本</div>
07  </div>
08  '''
09  html = etree.HTML(html_str)     # 解析html字符串
10  # 获取所有class="level"的div节点中的文本信息
11  div_one = html.xpath('//div[@class="level"]/text()')
12  print(div_one)       # 打印class="level"的div中文本
```

程序运行结果如下：

```
['什么是Java', 'Java的版本']
```

说明 使用"[@...]"实现属性匹配时，不仅可以用于class的匹配，还可以用于id、href等属性的匹配。

（2）属性多值匹配

实例 7.10 属性多值匹配

如果某个节点的某个属性出现了多个值时，可以将所有值作为匹配条件，进行节点的筛选。代码如下：

```
01  from lxml import etree      # 导入etree子模块
02  # 定义html字符串
03  html_str = '''
04  <div class="video_scroll">
05      <div class="level one">什么是Java</div>
06      <div class="level">Java的版本</div>
07  </div>
```

```
08  '''
09  html = etree.HTML(html_str)      # 解析html字符串
10  # 获取所有class="level one"的div节点中的文本信息
11  div_one = html.xpath('//div[@class="level one"]/text()')
12  print(div_one)        # 打印class="level one"的div中文本
```

程序运行结果如下：

['什么是Java']

如果需要既获取class="level one"又获取class="level"的div节点时，可以使用contains()方法，该方法中有两个参数，第一个参数用于指定属性名称，第二个参数用于指定属性值，如果HTML代码中包含指定的属性值，就可以匹配成功。关键代码如下：

```
01  html = etree.HTML(html_str)      # 解析html字符串
02  # 获取所有class属性值中包含level的div节点中的文本信息
03  div_all = html.xpath('//div[contains(@class,"level")]/text()')
04  print(div_all)        # 打印所有符合条件的文本信息
```

程序运行结果如下：

['什么是Java', 'Java的版本']

（3）多属性匹配

实例7.11 一个节点中多个属性的匹配

通过属性匹配HTML代码的节点时，还会遇到一种情况，那就是一个节点中出现多个属性，这时就需要同时匹配多个属性，才可以更精确地获取指定节点中的数据。示例代码如下：

```
01  from lxml import etree      # 导入etree子模块
02  # 定义html字符串
03  html_str = '''
04  <div class="video_scroll">
05      <div class="level" id="one">什么是Java</div>
06      <div class="level">Java的版本</div>
07  </div>
08  '''
09  html = etree.HTML(html_str)      # 解析html字符串
10  # 获取所有符合class="level"与id="one"的div节点中的文本信息
11  div_all = html.xpath('//div[@class="level" and @id="one"]/text()')
12  print(div_all)        # 打印所有符合条件的文本信息
```

程序运行结果如下:

['什么是Java']

从以上的运行结果中可以看出，这里只匹配了属性class="level"与属性id="one"的div节点，因为代码中使用了and运算符，该运算符表示"与"。XPath中还提供了很多运算符，其他运算符如表7.2所示。

表7.2 XPath 所提供的运算符

运算符	例子	返回值
+(加法)	5+5	返回10.0
-(减法)	8-6	返回2.0
*(乘法)	4*6	返回24.0
div(除法)	24 div 6	返回4.0
=(等于)	price = 38.0	如果 price 是 38.0则返回 true，否则返回false
!=(不等于)	price != 38.0	如果 price 不是 38.0，则返回 true，price是38.0返回false
<(小于)	price < 38.0	如果 price 小于38.0，则返回 true，否则返回false
<=(小于等于)	price <= 38.0	如果price小于38.0或者等于38.0，返回true，否则返回false
>(大于)	price > 38.0	如果 price大于38.0，则返回 true，否则返回false
>=(大于等于)	price >= 38.0	如果price大于38.0或者等于38.0,返回true，否则返回false
or(或)	price=38.0 or price=39.0	如果price等于38.0或者等于39.0都会返回true，否则返回false
and(与)	price>38.0 and price<39.0	如果price大于38.0且price小于39.0，返回true，否则返回false
mod(求余)	6 mod 4	返回2.0
|（计算两个节点集）	//div|//a	返回所有div和a节点集

7.2.7 获取属性

实例 7.12 获取属性所对应的值

"@"不仅可以实现通过属性匹配节点，还可以直接获取属性所对应的值。示例代码如下：

```
01  from lxml import etree      # 导入etree子模块
02  # 定义html字符串
03  html_str = '''
04  <div class="video_scroll">
05      <li class="level" id="one">什么是Java</li>
06  </div>
07  '''
08  html = etree.HTML(html_str)     # 解析html字符串
09  # 获取li节点中的class属性值
```

```
10  li_class = html.xpath('//div/li/@class')
11  # 获取li节点中的id属性值
12  li_id = html.xpath('//div/li/@id')
13  print('class属性值: ',li_class)
14  print('id属性值: ',li_id)
```

程序运行结果如下：

```
class属性值: ['level']
id属性值: ['one']
```

7.2.8 按序获取属性值

实例 7.13 使用索引按序获取属性对应的值

如果同时匹配了多个节点，但只需要其中的某一个节点时，可以使用指定索引的方式获取对应的节点内容，不过XPath中的索引是从1开始的，所以需要注意不要与Python中的列表索引混淆。示例代码如下：

```
01  from lxml import etree      # 导入etree子模块
02  # 定义html字符串
03  html_str = '''
04  <div class="video_scroll">
05      <li> <a href="javascript:" onclick="login(0)" title="Java API文档">Java API文档</a> </li>
06      <li> <a href="javascript:" onclick="login(0)" title="JDK的下载">JDK的下载</a> </li>
07      <li> <a href="javascript:" onclick="login(0)" title="JDK的安装">JDK的安装</a> </li>
08      <li> <a href="javascript:" onclick="login(0)" title="配置JDK">配置JDK</a> </li>
09  </div>
10  '''
11  html = etree.HTML(html_str)       # 解析html字符串
12  # 获取所有li/a节点中title属性值
13  li_all = html.xpath('//div/li/a/@title')
14  print('所有属性值: ',li_all)
15  # 获取第1个li/a节点中title属性值
16  li_first = html.xpath('//div/li[1]/a/@title')
17  print('第一个属性值: ',li_first)
18  # 获取第4个li/a节点中title属性值
```

```
19  li_four = html.xpath('//div/li[4]/a/@title')
20  print('第四个属性值: ',li_four)
```

程序运行结果如下：

```
所有属性值: ['Java API文档', 'JDK的下载', 'JDK的安装', '配置JDK']
第一个属性值: ['Java API文档']
第四个属性值: ['配置JDK']
```

除了使用固定的索引来获取指定节点中的内容以外，还可以使用XPath中提供的函数来获取指定节点中的内容，关键代码如下：

```
01  html = etree.HTML(html_str)      # 解析html字符串
02  # 获取最后一个li/a节点中title属性值
03  li_last = html.xpath('//div/li[last()]/a/@title')
04  print('最后一个属性值: ',li_last)
05  # 获取第1个li/a节点中title属性值
06  li = html.xpath('//div/li[position()=1]/a/@title')
07  print('第一个位置的属性值: ',li)
08  # 获取倒数第二个li/a节点中title属性值
09  li = html.xpath('//div/li[last()-1]/a/@title')
10  print('倒数第二个位置的属性值: ',li)
11  # 获取位置大于1的li/a节点中title属性值
12  li = html.xpath('//div/li[position()>1]/a/@title')
13  print('位置大于1的属性值: ',li)
```

程序运行结果如下：

```
最后一个属性值: ['配置JDK']
第一个位置的属性值: ['Java API文档']
倒数第二个位置的属性值: ['JDK的安装']
位置大于1的属性值: ['JDK的下载', 'JDK的安装', '配置JDK']
```

7.2.9 使用节点轴获取节点内容

实例7.14 使用节点轴的方式获取节点内容

除了以上的匹配方式以外，XPath还提供了一些节点轴的匹配方法，例如，获取祖先节点、子孙节点、兄弟节点等。示例代码如下：

```
01  from lxml import etree      # 导入etree子模块
02  # 定义html字符串
```

```
03  html_str = '''
04  <div class="video_scroll">
05      <li><a href="javascript:" onclick="login(0)" title="Java API 文档">Java API 文档</a></li>
06      <li><a href="javascript:" onclick="login(0)" title="JDK的下载">JDK的下载</a></li>
07      <li> <a href="javascript:" onclick="login(0)" title="JDK的安装">JDK的安装</a> </li>
08  </div>
09  '''
10
11  html = etree.HTML(html_str)          # 解析html字符串
12  # 获取li[2]所有祖先节点
13  ancestors = html.xpath('//li[2]/ancestor::*')
14  print('li[2]所有祖先节点名称：',[i.tag for i in ancestors])
15  # 获取li[2]位置为body的祖先节点
16  body = html.xpath('//li[2]/ancestor::body')
17  print('li[2]指定祖先节点名称：',[i.tag for i in body])
18  # 获取li[2]属性为class="video_scroll"的祖先节点
19  class_div = html.xpath('//li[2]/ancestor::*[@class="video_scroll"]')
20  print('li[2]class="video_scroll"的祖先节点名称：',[i.tag for i in class_div])
21  # 获取li[2]/a所有属性值
22  attributes = html.xpath('//li[2]/a/attribute::*')
23  print('li[2]/a的所有属性值：',attributes)
24  # 获取div所有子节点
25  div_child = html.xpath('//div/child::*')
26  print('div的所有子节点名称：',[i.tag for i in div_child])
27  # 获取body所有子孙节点
28  body_descendant = html.xpath('//body/descendant::*')
29  print('body的所有子孙节点名称：',[i.tag for i in body_descendant])
30  # 获取li[1]节点后的所有节点
31  li_following = html.xpath('//li[1]/following::*')
32  print('li[1]之后的所有节点名称：',[i.tag for i in li_following])
33  # 获取li[1]节点后的所有同级节点
34  li_sibling = html.xpath('//li[1]/following-sibling::*')
35  print('li[1]之后的所有同级节点名称：',[i.tag for i in li_sibling])
36  # 获取li[3]节点前的所有节点
37  li_preceding = html.xpath('//li[3]/preceding::*')
38  print('li[3]之前的所有节点名称：',[i.tag for i in li_preceding])
```

程序运行结果如下：

```
li[2]所有祖先节点名称: ['html', 'body', 'div']
li[2]指定祖先节点名称: ['body']
li[2]class="video_scroll"的祖先节点名称: ['div']
li[2]/a的所有属性值: ['javascript:', 'login(0)', 'JDK的下载']
div的所有子节点名称: ['li', 'li', 'li']
body的所有子孙节点名称: ['div', 'li', 'a', 'li', 'a', 'li', 'a']
li[1]之后的所有节点名称: ['li', 'a', 'li', 'a']
li[1]之后的所有同级节点名称: ['li', 'li']
li[3]之前的所有节点名称: ['li', 'a', 'li', 'a']
```

7.3 案例：爬取豆瓣电影 Top250

本节将使用 requests 模块与 lxml 模块中的 XPath，爬取豆瓣电影 Top250 中的电影信息，如图 7.4 所示。

图 7.4　豆瓣电影 Top250 首页

7.3.1 分析请求地址

在豆瓣电影 Top250 首页的底部可以确定电影信息一共有 10 页内容，每页有 25 个电影信息，如图 7.5 所示。

切换页面，发现每页的 url 地址的规律如图 7.6 所示。

图 7.5　确定页数与电影信息数量

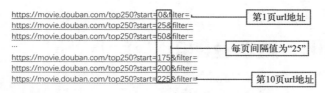

图 7.6　每页的 url 地址的规律

7.3.2　分析信息位置

打开浏览器"开发者工具",然后在顶部选项卡中选择"Elements"选项,然后单击 图标,接着点击鼠标左键选中网页中电影名称,查看电影名称所在HTML 代码的位置,如图 7.7 所示。

图 7.7　查看电影名称所在 HTML 代码的位置

按照图7.7中的操作步骤，查看导演、主演、电影评分、评价人数以及电影总结信息所对应的HTML代码位置。

7.3.3 爬虫代码的实现

实例 7.15 编写爬取豆瓣电影 Top250 的代码

爬虫代码实现的具体步骤如下：

① 导入爬虫所需要的模块，然后创建一个请求头信息。代码如下：

```
01  from lxml import etree        # 导入etree子模块
02  import time                   # 导入时间模块
03  import random                 # 导入随机模块
04  import requests               # 导入网络请求模块
05  header = {'User-Agent': 'Mozilla/5.0 (Windows NT 10.0; WOW64)
AppleWebKit/537.36 (KHTML, like Gecko) Chrome/83.0.4103.61 Safari/537.36'}
```

② 由于HTML代码中的信息内存在大量的空白符，所以创建一个processing()方法，用于处理字符串中的空白符。代码如下：

```
01  # 处理字符串中的空白符，并拼接字符串
02  def processing(strs):
03      s = ''     # 定义保存内容的字符串
04      for n in strs:
05          n = ''.join(n.split())   # 去除空字符
06          s = s + n                # 拼接字符串
07      return s                     # 返回拼接后的字符串
```

③ 创建get_movie_info()方法，在该方法中首选通过requests.get()方法发送网络请求，然后通过etree.HTML()方法解析HTML代码，最后通过xpath提取电影的相关信息。代码如下：

```
01  # 获取电影信息
02  def get_movie_info(url):
03      response = requests.get(url,headers=header)          # 发送网络请求
04      html = etree.HTML(response.text)                     # 解析html字符串
05      div_all = html.xpath('//div[@class="info"]')
06      for div in div_all:
07          names = div.xpath('./div[@class="hd"]/a//span/text()')   # 获取电影名字相关信息
08          name = processing(names)                                  # 处理电影名称信息
09          infos = div.xpath('./div[@class="bd"]/p/text()')          # 获取
```

导演、主演等信息

```
10        info = processing(infos)                    # 处理导演、主演等信息
11        score = div.xpath('./div[@class="bd"]/div/span[2]/text()')
# 获取电影评分
12        evaluation = div.xpath('./div[@class="bd"]/div/span[4]/text()')
# 获取评价人数
13        # 获取电影总结文字
14        summary = div.xpath('./div[@class="bd"]/p[@class="quote"]/span/text()')
15        print('电影名称：',name)
16        print('导演与演员：',info)
17        print('电影评分：',score)
18        print('评价人数：',evaluation)
19        print('电影总结：',summary)
20        print('--------分隔线--------')
```

④ 创建程序入口，然后创建步长为25的for循环，并在循环中替换每次请求的url地址，再调用get_movie_info()方法获取电影信息。代码如下：

```
01  if __name__ == '__main__':
02      for i in range(0,250,25):        # 每页25为间隔，实现循环，共10页
03          # 通过format替换切换页码的url地址
04          url = 'https://movie.douban.com/top250?start={page}&filter='.format(page=i)
05          get_movie_info(url)          # 调用爬虫方法，获取电影信息
06          time.sleep(random.randint(1,3))   # 等待1至3秒随机时间
```

程序运行结果如图7.8所示。

```
电影名称： 肖申克的救赎/TheShawshankRedemption/月黑高飞(港)/刺激1995(台)
导演与演员： 导演:弗兰克·德拉邦特FrankDarabont主演:蒂姆·罗宾斯TimRobbins/...1994/美国/犯罪剧情
电影评分： 9.7
评价人数： 2058397人评价
电影总结： 希望让人自由。
--------分隔线--------
电影名称： 霸王别姬/再见，我的姬/FarewellMyConcubine
导演与演员： 导演:陈凯歌KaigeChen主演:张国荣LeslieCheung/张丰毅FengyiZha...1993/中国大陆中国香港/剧情爱情同性
电影评分： 9.6
评价人数： 1525838人评价
电影总结： 风华绝代。
--------分隔线--------
电影名称： 阿甘正传/ForrestGump/福雷斯特·冈普
导演与演员： 导演:罗伯特·泽米吉斯RobertZemeckis主演:汤姆·汉克斯TomHanks/...1994/美国/剧情爱情
电影评分： 9.5
评价人数： 1556454人评价
电影总结： 一部美国近现代史。
--------分隔线--------
```

图7.8　爬取豆瓣电影Top250网页中的电影信息

本章知识思维导图

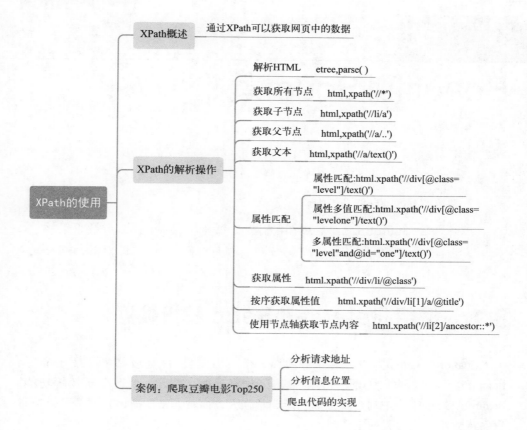

第 8 章

Beautiful Soup模块

本章学习目标
- ☑ 掌握 Beautiful Soup 模块的使用
- ☑ 熟练掌握如何获取节点内容
- ☑ 熟悉 Beautiful Soup 中的常用方法
- ☑ 熟悉 CSS 选择器的使用

8.1 使用 Beautiful Soup 解析数据

Beautiful Soup是一个用于从HTML和XML文件中提取数据的Python库。Beautiful Soup 提供一些简单的函数用来处理导航、搜索、修改分析树等功能。Beautiful Soup模块中的查找提取功能非常强大,而且非常便捷,它通常可以节省程序员数小时或数天的工作时间。

Beautiful Soup 自动将输入文档转换为 Unicode 编码,输出文档转换为utf-8编码。开发者不需要考虑编码方式,除非文档没有指定一个编码方式,这时,Beautiful Soup 就不能自动识别编码方式了。然后,开发者仅仅需要说明一下原始编码方式就可以了。

8.1.1 Beautiful Soup的安装

Beautiful Soup 4已经被移植到bs4当中了,所以在导入时需要从bs4导入Beautiful Soup。如果读者没有使用Anaconda则可以参考Beautiful Soup模块的安装方式,安装Beautiful Soup有以下三种方式:

- ☑ 如果使用的是最新版本的Debian或Ubuntu Linux,则可以使用系统软件包管理器安装 Beautiful Soup,安装命令为:apt-get install python-bs4。
- ☑ Beautiful Soup 4是通过PyPi发布的,可以通过easy_install或pip来安装它。包名是beautifulsoup4,它可以兼容Python2和Python3。安装命令为:

easy_install beautifulsoup4 或者 pip install beautifulsoup4。

> **注意** 在使用 Beautiful Soup 4 之前需要先通过命令 pip install bs4 进行 bs4 库的安装。

☑ 如果当前的 Beautiful Soup 不是想要的版本，可以通过下载源码的方式进行安装，源码的下载地址为 https://www.crummy.com/software/BeautifulSoup/bs4/download/，然后在控制台中打开源码的指定路径，输入命令 python setup.py install 即可，如图 8.1 所示。

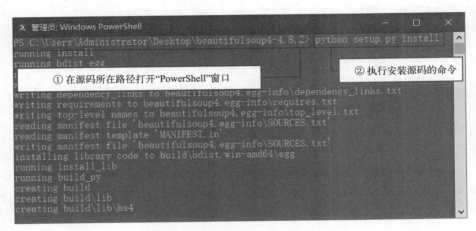

图 8.1　通过源码安装 Beautiful Soup

8.1.2　解析器

Beautiful Soup 支持 Python 标准库中包含的 HTML 解析器，但它也支持许多第三方 Python 解析器，其中包含 lxml 解析器。根据不同的操作系统，可以使用以下命令之一安装 lxml：

☑ apt-get install python-lxml。

☑ easy_install lxml。

☑ pip install lxml。

另一个解析器是 html5lib，它是一个用于解析 HTML 的 Python 库，按照 Web 浏览器的方式解析 HTML。可以使用以下命令之一安装 html5lib：

☑ apt-get install python-html5lib。

☑ easy_install html5lib。

☑ pip install html5lib。

在表 8.1 中总结了每个解析器的优缺点。

第 3 篇　数据解析与存储篇

表 8.1　解析器的比较

解析器	用法	优点	缺点
Python标准库	BeautifulSoup(markup, "html.parser")	Python标准库 执行速度适中	（在Python 2.7.3或3.2.2之前的版本中）文档容错能力差
lxml的HTML解析器	BeautifulSoup(markup, "lxml")	速度快 文档容错能力强	需要安装C语言库
lxml的XML解析器	BeautifulSoup(markup, "lxml-xml") BeautifulSoup(markup, "xml")	速度快 唯一支持XML的解析器	需要安装C语言库
html5lib	BeautifulSoup(markup, "html5lib")	最好的容错性 以浏览器的方式解析文档 生成HTML5格式的文档	速度慢，不依赖外部扩展

8.1.3　Beautiful Soup 的简单应用

实例 8.1　解析 HTML 代码

Beautiful Soup 安装完成以后，下面将介绍如何通过 Beautiful Soup 库进行 HTML 的解析工作，具体示例步骤如下。

① 导入 bs4 库，然后创建一个模拟 HTML 代码的字符串，代码如下：

```
01  from bs4 import BeautifulSoup   # 导入BeautifulSoup库
02
03  # 创建模拟HTML代码的字符串
04  html_doc = """
05  <html>
06  <head>
07  <title>第一个 HTML 页面</title>
08  </head>
09  <body>
10  <p>body 元素的内容会显示在浏览器中。</p>
11  <p>title 元素的内容会显示在浏览器的标题栏中。</p>
12  </body>
13  </html>
14  """
```

② 创建 Beautiful Soup 对象，并指定解析器为 lxml，最后通过打印的方式将解析的 HTML 代码显示在控制台当中，代码如下：

```
01  # 创建一个BeautifulSoup对象，获取页面正文
02  soup = BeautifulSoup(html_doc, features="lxml")
03  print(soup)                    # 打印解析的HTML代码
04  print(type(soup))              # 打印数据类型
```

程序运行结果如图8.2所示。

```
<html>
<head>
<title>第一个 HTML 页面</title>
</head>
<body>
<p>body 元素的内容会显示在浏览器中。</p>
<p>title 元素的内容会显示在浏览器的标题栏中。</p>
</body>
</html>

<class 'bs4.BeautifulSoup'>
```

图 8.2　显示解析后的 HTML 代码

说明　如果将 html_doc 字符串中的代码，保存在 index.html 文件中，可以通过打开 HTML 文件的方式进行代码的解析，并且可以通过 prettify() 方法进行代码的格式化处理，代码如下：

```
01  # 创建BeautifulSoup对象打开需要解析的html文件
02  soup = BeautifulSoup(open('index.html'),'lxml')
03  print(soup.prettify())         # 打印格式化后的代码
```

8.2　获取节点内容

使用 Beautiful Soup 可以直接调用节点的名称，然后再调用对应的 string 属性便可以获取到节点内的文本信息。在单个节点结构层次非常清晰的情况下，使用这种方式提取节点信息的速度是非常快的。

8.2.1　获取节点对应的代码

实例 8.2　获取节点对应的代码

如果需要获取节点对应的代码时可以参考以下的代码：

```
01  from bs4 import BeautifulSoup    # 导入BeautifulSoup库
02
03  # 创建模拟HTML代码的字符串
```

```
04  html_doc = """
05  <html>
06  <head>
07  <title>第一个 HTML 页面</title>
08  </head>
09  <body>
10  <p>body 元素的内容会显示在浏览器中。</p>
11  <p>title 元素的内容会显示在浏览器的标题栏中。</p>
12  </body>
13  </html>
14  """
15
16  # 创建一个BeautifulSoup对象，获取页面正文
17  soup = BeautifulSoup(html_doc, features="lxml")
18  print('head节点内容为：\n',soup.head)      # 打印head节点
19  print('body节点内容为：\n',soup.body)      # 打印body节点
20  print('title节点内容为：\n',soup.title)    # 打印title节点
21  print('p节点内容为：\n',soup.p)            # 打印p节点
```

程序运行结果如图8.3所示。

```
head节点内容为：
 <head>
<title>第一个 HTML 页面</title>
</head>
body节点内容为：
 <body>
<p>body 元素的内容会显示在浏览器中。</p>
<p>title 元素的内容会显示在浏览器的标题栏中。</p>
</body>
title节点内容为：
 <title>第一个 HTML 页面</title>
p节点内容为：
 <p>body 元素的内容会显示在浏览器中。</p>
```

图8.3　获取节点对应的代码

注意　在打印p节点对应的代码时，可以发现只打印了第一个p节点内容，这说明当有多个节点时，该选择方式只会获取第一个节点中的内容，其他后面的节点将被忽略。

说明　除了通过制定节点名称的方式获取节点内容以外，还可以使用name属性获取节点的名称。代码如下：

```
01  # 获取节点名称
02  print(soup.head.name)
03  print(soup.body.name)
04  print(soup.title.name)
05  print(soup.p.name)
```

8.2.2 获取节点属性

实例 8.3 获取节点属性

每个节点可能都会含有多个属性,例如,class 或者 id 等。如果已经选择了一个指定的节点名称,那么只需要调用 attrs 即可获取这个节点下的所有属性。代码如下:

```
01  from bs4 import BeautifulSoup     # 导入BeautifulSoup库
02
03  # 创建模拟HTML代码的字符串
04  html_doc = """
05  <html>
06  <head>
07      <title>横排响应式登录</title>
08      <meta http-equiv="Content-Type" content="text/html" charset="utf-8"/>
09      <meta name="viewport" content="width=device-width"/>
10      <link href="font/css/bootstrap.min.css" type="text/css" rel="stylesheet">
11      <link href="css/style.css" type="text/css" rel="stylesheet">
12  </head>
13  <body>
14  <h3>登录</h3>
15  <div class="glyphicon glyphicon-envelope"><input type="text" placeholder="请输入邮箱"></div>
16  <div class="glyphicon glyphicon-lock"><input type="password" placeholder="请输入密码"></div>
17  </body>
18  </html>
19  """
20  # 创建一个BeautifulSoup对象,获取页面正文
21  soup = BeautifulSoup(html_doc, features="lxml")
22  print('meta节点中属性如下：\n',soup.meta.attrs)
```

```
23  print('link节点中属性如下：\n',soup.link.attrs)
24  print('div节点中属性如下：\n',soup.div.attrs)
```

程序运行结果如图8.4所示。

```
meta节点中属性如下：
 {'http-equiv': 'Content-Type', 'content': 'text/html', 'charset': 'utf-8'}
link节点中属性如下：
 {'href': 'font/css/bootstrap.min.css', 'type': 'text/css', 'rel': ['stylesheet']}
div节点中属性如下：
 {'class': ['glyphicon', 'glyphicon-envelope']}
```

图8.4　打印节点中所有属性

在以上的运行结果中可以发现，attrs的返回结果为字典类型，字典中的元素分别是属性名称与对应的值。所以在attrs后面添加[]并在括号内添加属性名称即可获取指定属性对应的值。代码如下：

```
01  print('meta节点中http-equiv属性对应的值为：',soup.meta.attrs['http-equiv'])
02  print('link节点中href属性对应的值为：',soup.link.attrs['href'])
03  print('div节点中class属性对应的值为：',soup.div.attrs['class'])
```

程序运行结果如图8.5所示。

```
meta节点中http-equiv属性对应的值为： Content-Type
link节点中href属性对应的值为： font/css/bootstrap.min.css
div节点中class属性对应的值为： ['glyphicon', 'glyphicon-envelope']
```

图8.5　打印指定属性对应的值

在获取节点中指定属性所对应的值时，除了使用上面的方式以外，还可以不写attrs，直接在节点后面以中括号的形式直接添加属性名称，来获取对应的值。代码如下：

```
01  print('meta节点中http-equiv属性对应的值为：',soup.meta['http-equiv'])
02  print('link节点中href属性对应的值为：',soup.link['href'])
03  print('div节点中class属性对应的值为：',soup.div['class'])
```

8.2.3　获取节点包含的文本内容

实现获取节点包含的文本内容是非常简单的，只需要在节点名称后面添加string属性即可。代码如下：

```
01  print('title节点所包含的文本内容为：',soup.title.string)
02  print('h3节点所包含的文本内容为：',soup.h3.string)
```

程序运行结果如下:

```
title节点所包含的文本内容为:横排响应式登录
h3节点所包含的文本内容为:登录
```

8.2.4 嵌套获取节点内容

实例 8.4 嵌套获取节点内容

HTML代码中的每个节点都有出现嵌套的可能,而使用Beautiful Soup获取每个节点的内容时,可以通过"."直接获取下一个节点中的内容(当前节点的子节点)。代码如下:

```
01  from bs4 import BeautifulSoup    # 导入BeautifulSoup库
02
03  # 创建模拟HTML代码的字符串
04  html_doc = """
05  <html>
06  <head>
07      <title>横排响应式登录</title>
08      <meta http-equiv="Content-Type" content="text/html" charset="utf-8"/>
09      <meta name="viewport" content="width=device-width"/>
10      <link href="font/css/bootstrap.min.css" type="text/css" rel="stylesheet">
11      <link href="css/style.css" type="text/css" rel="stylesheet">
12  </head>
13  </html>
14  """
15  # 创建一个BeautifulSoup对象,获取页面正文
16  soup = BeautifulSoup(html_doc, features="lxml")
17  print('head节点内容如下:\n',soup.head)
18  print('head节点数据类型为:',type(soup.head))
19  print('head节点中title节点内容如下:\n',soup.head.title)
20  print('head节点中title节点数据类型为:',type(soup.head.title))
21  print('head节点中title节点中的文本内容为:',soup.head.title.string)
22  print('head节点中title节点中文本内容的数据类型为:',type(soup.head.title.string))
```

程序运行结果如图8.6所示。

head 节点内容如下：
```
<head>
<title>横排响应式登录</title>
<meta charset="utf-8" content="text/html" http-equiv="Content-Type"/>
<meta content="width=device-width" name="viewport"/>
<link href="font/css/bootstrap.min.css" rel="stylesheet" type="text/css"/>
<link href="css/style.css" rel="stylesheet" type="text/css"/>
</head>
head 节点数据类型为： <class 'bs4.element.Tag'>
head 节点中 title 节点内容如下：
<title>横排响应式登录</title>
head 节点中 title 节点数据类型为： <class 'bs4.element.Tag'>
head 节点中 title 节点中的文本内容为： 横排响应式登录
head 节点中 title 节点中文本内容的数据类型为： <class 'bs4.element.NavigableString'>
```

图 8.6 嵌套获取节点内容

说明 从上面的运行结果中可以看出，在获取 head 与其内部的 title 节点内容时数据类型均为"<class 'bs4.element.Tag'>"，也就说明在 Tag 类型的基础上可以获取当前节点的子节点内容，这样的获取方式可以叫作嵌套获取节点内容。

8.2.5 关联获取

在获取节点内容时，不一定都能做到一步获取指定节点中的内容，需要先确认某一个节点，然后以该节点为中心获取对应的子节点、孙节点、父节点以及兄弟节点。

（1）获取子节点

实例 8.5 获取子节点

在获取某节点下面的所有子节点时，可以使用 contents 或 children 属性来实现，其中 contents 所返回的是一个列表，在这个列表中每个元素都是一个子节点内容，而 children 所返回的则是一个 "list_iterator" 类型的可迭代对象。获取所有子节点的代码如下：

```
01  from bs4 import BeautifulSoup    # 导入 BeautifulSoup 库
02
03  # 创建模拟 HTML 代码的字符串
04  html_doc = """
05  <html>
06  <head>
07      <title>关联获取演示</title>
08      <meta charset="utf-8"/>
09  </head>
10  </html>
11  """
12  # 创建一个 BeautifulSoup 对象，获取页面正文
```

```
13  soup = BeautifulSoup(html_doc, features="lxml")
14  print(soup.head.contents)          # 列表形式打印head下所有子节点
15  print(soup.head.children)          # 可迭代对象形式打印head下所有子节点
```

程序运行结果如图8.7所示。

```
['\n', <title>关联获取演示</title>, '\n', <meta charset="utf-8"/>, '\n']
<list_iterator object at 0x00000276F5D9DF48>
```

图8.7　获取所有子节点内容

从图8.7的运行结果中可以看出，通过head.contents所获取的所有子节点中有三个换行符\n以及两个子标题（title与meta）对应的所有内容。head.children所获取的则是一个"list_iterator"可迭代对象，如果需要获取该对象中的所有内容可以直接将其转换为list类型或者通过for循环遍历的方式进行获取。代码如下：

```
01  print(list(soup.head.children))    # 打印将可迭代对象转换为列表形式的
所有子节点
02  for i in soup.head.children:       # 循环遍历可迭代对象中的所有子节点
03      print(i)                       # 打印子节点内容
```

程序运行结果如图8.8所示。

```
['\n', <title>关联获取演示</title>, '\n', <meta charset="utf-8"/>, '\n']

<title>关联获取演示</title>

<meta charset="utf-8"/>
```

图8.8　遍历所有子节点内容

（2）获取孙节点

实例8.6　获取孙节点

在获取某节点下面所有的子孙节点时，可以使用descendants属性来实现，该属性会返回一个generator对象，获取该对象中的所有内容时，同样可以直接将其转换为list类型或者通过for循环遍历的方式进行获取。这里以for循环遍历方式为例，代码如下：

```
01  from bs4 import BeautifulSoup    # 导入BeautifulSoup库
02
03  # 创建模拟HTML代码的字符串
04  html_doc = """
05  <html>
06  …此处省略…
07  <body>
08  <div id="test1">
```

```
09      <div id="test2">
10          <ul>
11              <li class="test3" value = "user1234">
12                  此处为演示信息
13              </li>
14          </ul>
15      </div>
16 </div>
17 </body>
18 </html>
19 """
20 # 创建一个BeautifulSoup对象，获取页面正文
21 soup = BeautifulSoup(html_doc, features="lxml")
22 print(soup.body.descendants)              # 打印body节点下所有子孙节点内容的generator对象
23 for i in soup.body.descendants:           # 循环遍历generator对象中的所有子孙节点
24     print(i)                              # 打印子孙节点内容
```

程序运行结果如图8.9所示。

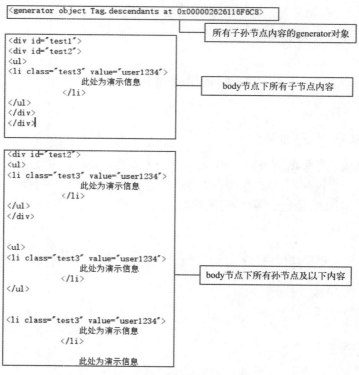

图8.9　打印body节点下所有子孙节点内容

（3）获取父节点

实例 8.7　获取父节点

获取父节点有两种方式，一种是通过parent属性直接获取指定节点的父节点内容，还可以通过parents属性获取指定节点的父节点及以上（祖先节点）内容，只是parents属性会返回一个generator对象，获取该对象中的所有内容时，同样可以直接将其转换为list类型或者通过for循环遍历的方式进行获取。这里以for循环遍历方式为例，获取父节点及祖先节点内容。代码如下：

```
01  from bs4 import BeautifulSoup      # 导入BeautifulSoup库
02
03  # 创建模拟HTML代码的字符串
04  html_doc = """
05  <html>
06  <head>
07      <title>关联获取演示</title>
08      <meta charset="utf-8"/>
09  </head>
10  </html>
11  """
12  # 创建一个BeautifulSoup对象，获取页面正文
13  soup = BeautifulSoup(html_doc, features="lxml")
14  print(soup.title.parent)            # 打印title节点的父节点内容
15  print(soup.title.parents)           # 打印title节点的父节点及以上内
容的generator对象
16  for i in soup.title.parents:        # 循环遍历generator对象中的所有
父节点及以上内容
17      print(i.name)                   # 打印父节点及祖先节点名称
```

程序运行结果如图8.10所示。

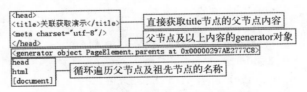

图 8.10　打印父节点及祖先节点内容

> **说明**　从图8.10的运行结果中可以看出，parents属性所获取父节点的顺序为head、html，最后的[document]表示文档对象，是整个HTML文档，也是Beautiful

Soup 对象。

（4）获取兄弟节点

实例 8.8 获取兄弟节点

兄弟节点也就是同级节点，表示在同一级节点内的所有子节点间的关系。假如在一段HTML代码中获取第一个p节点的下一个div兄弟节点时可以使用next_sibling属性，如果想获取当前div节点的上一个兄弟节点p时可以使用previous_sibling属性。通过这两个属性获取兄弟节点时，如果两个节点之间含有换行符（\n）、空字符或者其他文本内容时，将返回这些文本节点。代码如下：

```
01  from bs4 import BeautifulSoup     # 导入BeautifulSoup库
02
03  # 创建模拟HTML代码的字符串
04  html_doc = """
05  <html>
06  <head>
07      <title>关联获取演示</title>
08      <meta charset="utf-8"/>
09  </head>
10  <body>
11  <p class="p-1" value = "1"><a href="https://item.jd.com/12353915.html">零基础学Python</a></p>
12  第一个p节点下文本
13  <div class="div-1" value = "2"><a href="https://item.jd.com/12451724.html">Python从入门到项目实践</a></div>
14  <p class="p-3" value = "3"><a href="https://item.jd.com/12512461.html">Python项目开发案例集锦</a></p>
15  <div class="div-2" value = "4"><a href="https://item.jd.com/12550531.html">Python编程锦囊</a></div>
16  </body>
17  </html>
18  """
19  # 创建一个BeautifulSoup对象，获取页面正文
20  soup = BeautifulSoup(html_doc, features="lxml")
21  print(soup.p.next_sibling)                  # 打印第一个p节点下一个兄弟节点（文本节点内容）
22  print(list(soup.p.next_sibling))            # 以列表形式打印文本节点中的所有元素
23  div = soup.p.next_sibling.next_sibling      # 获取p节点同级的第一个div节点
```

```
24  print(div)                          # 打印第一个div节点内容
25  print(div.previous_sibling)         # 打印第一个div节点上一个兄弟节
点（文本节点内容）
```

程序运行结果如图8.11所示。

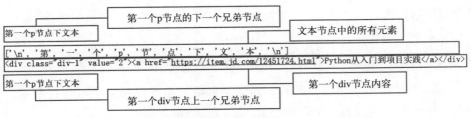

图8.11　打印同级节点中上一个与下一个节点内容

如果想获取当前节点后面的所有兄弟节点时，可以使用next_siblings属性。如果想获取当前节点前面的所有兄弟节点时可以使用previous_siblings属性。通过这两个属性所获取的节点都将以generator（可迭代对象）的形式返回，在获取节点内容时，同样可以直接将其转换为list类型或者通过for循环遍历的方式进行获取。这里以转换list类型为例，代码如下：

```
01  print('获取p节点后面的所有兄弟节点如下：\n',list(soup.p.next_siblings))
02  print('获取p节点前面的所有兄弟节点如下：\n',list(soup.p.previous_siblings))
```

程序运行结果如图8.12所示。

```
获取p节点后面的所有兄弟节点如下：
['\n第一个p节点下文本\n', <div class="div-1" value="2"><a href="https://item.jd.com/12451724.html">Python从入门到项目实践</a></div>, '\n', <p class="p-3" value="3"><a href="https://item.jd.com/12512461.html">Python项目开发案例集锦</a></p>, '\n', <div class="div-2" value="4"><a href="https://item.jd.com/12550531.html">Python编程锦囊</a></div>, '\n']
获取p节点前面的所有兄弟节点如下：
['\n']
```

图8.12　获取当前节点后面、前面所有节点内容

8.3　调用方法获取内容

在HTML代码中获取比较复杂的内容时，可以使用find_all()方法与find()方法。调用这些方法，然后传入指定的参数即可灵活地获取节点中内容。

8.3.1　find_all()——获取所有符合条件的内容

Beautiful Soup提供了一个find_all()方法，该方法可以获取所有符合条件的内

容。语法格式如下：

```
find_all(name=None, attrs={}, recursive=True, text=None,limit=None, **kwargs)
```

在find_all()方法中，常用参数分别是name、attrs以及text，下面将具体介绍每个参数的用法。

（1）name参数

实例 8.9　find_all(name) 通过节点名称获取内容

name参数用来指定节点名称，指定该参数以后将返回一个可迭代对象，所有符合条件的内容均为对象中的一个元素。代码如下：

```
01  from bs4 import BeautifulSoup    # 导入BeautifulSoup库
02
03  # 创建模拟HTML代码的字符串
04  html_doc = """
05  <html>
06  <head>
07      <title>方法获取演示</title>
08      <meta charset="utf-8"/>
09  </head>
10  <body>
11  <p class="p-1" value = "1"><a href="https://item.jd.com/12353915.html">零基础学Python</a></p>
12  <p class="p-2" value = "2"><a href="https://item.jd.com/12451724.html">Python从入门到项目实践</a></p>
13  <p class="p-3" value = "3"><a href="https://item.jd.com/12512461.html">Python项目开发案例集锦</a></p>
14  <div class="div-2" value = "4"><a href="https://item.jd.com/12550531.html">Python编程锦囊</a></div>
15  </body>
16  </html>
17  """
18  # 创建一个BeautifulSoup对象，获取页面正文
19  soup = BeautifulSoup(html_doc, features="lxml")
20  print(soup.find_all(name='p'))          # 打印名称为p的所有节点内容
21  print(type(soup.find_all(name='p')))    # 打印数据类型
```

程序运行结果如图8.13所示。

```
[<p class="p-1" value="1"><a href="https://item.jd.com/12353915.html">零基础学Python</a></p>, <p
 class="p-2" value="2"><a href="https://item.jd.com/12451724.html">Python从入门到项目实践</a></p>,
 <p class="p-3" value="3"><a href="https://item.jd.com/12512461.html">Python项目开发案例集锦</a></p>]
<class 'bs4.element.ResultSet'>
```

图8.13　打印名称为p的所有节点内容

说明　bs4.element.ResultSet 类型的数据与 Python 中的列表类似，如果想获取可迭代对象中的某条数据可以使用切片的方式进行获取，如获取所有 p 节点中的第一个元素可以参考以下代码：

```
print(soup.find_all(name='p')[0])          # 打印所有p节点中的第一个元素
```

因为 bs4.element.ResultSet 数据中的每一个元素都是 bs4.element.Tag 类型，所以可以直接对某一个元素进行嵌套获取。代码如下：

```
01  print(type(soup.find_all(name='p')[0]))          # 打印数据类型
02  print(soup.find_all(name='p')[0].find_all(name='a'))   # 打印第一个p节点
内的子节点a
```

程序运行结果如图8.14所示。

```
<class 'bs4.element.Tag'>
[<a href="https://item.jd.com/12353915.html">零基础学Python</a>]
```

图8.14　嵌套获取节点内容

（2）attrs参数

实例 8.10　find_all(attrs) 通过指定属性获取内容

attrs参数表示通过指定属性进行数据的获取工作，在填写 attrs 参数时，默认情况下需要填写字典类型的参数值，但也可以通过赋值的方式填写参数。代码如下：

```
01  from bs4 import BeautifulSoup   # 导入BeautifulSoup库
02
03  # 创建模拟HTML代码的字符串
04  html_doc = """
05  <html>
06  <head>
07      <title>方法获取演示</title>
08      <meta charset="utf-8"/>
09  </head>
10  <body>
11  <p class="p-1" value = "1"><a href="https://item.jd.com/12353915.
```

```
html">零基础学Python</a></p>
12   <p class="p-1" value = "2"><a href="https://item.jd.com/12451724.
html">Python从入门到项目实践</a></p>
13   <p class="p-3" value = "3"><a href="https://item.jd.com/12512461.
html">Python项目开发案例集锦</a></p>
14   <div class="div-2" value = "4"><a href="https://item.jd.com/12550531.
html">Python编程锦囊</a></div>
15   </body>
16   </html>
17   """
18   # 创建一个BeautifulSoup对象，获取页面正文
19   soup = BeautifulSoup(html_doc, features="lxml")
20   print('字典参数结果如下：')
21   print(soup.find_all(attrs={'value':'1'}))          # 打印value值为1的所有
内容，字典参数
22   print('赋值参数结果如下：')
23   print(soup.find_all(class_='p-1'))                 # 打印class为p-1的所
有内容，赋值参数
24   print(soup.find_all(value='3'))                    # 打印value值为3的所有
内容，赋值参数
```

程序运行结果如图8.15所示。

```
字典参数结果如下：
[<p class="p-1" value="1"><a href="https://item.jd.com/12353915.html">零基础学Python</a></p>]
赋值参数结果如下：
[<p class="p-1" value="1"><a href="https://item.jd.com/12353915.html">零基础学Python</a></p>, <p class="p-1" value="2"><a href="https://item.jd.com/12451724.html">Python从入门到项目实践</a></p>]
[<p class="p-3" value="3"><a href="https://item.jd.com/12512461.html">Python项目开发案例集锦</a></p>]
```

图8.15　通过属性获取节点内容

（3）text参数

实例8.11　find_all(text) 获取节点中的文本

指定text参数可以获取节点中的文本，该参数可以指定字符串或者正则表达式对象。代码如下：

```
01   from bs4 import BeautifulSoup     # 导入BeautifulSoup库
02   import re                         # 导入正则表达式模块
03   # 创建模拟HTML代码的字符串
04   html_doc = """
05   <html>
06   <head>
```

```
07        <title>方法获取演示</title>
08        <meta charset="utf-8"/>
09    </head>
10    <body>
11    <p class="p-1" value = "1"><a href="https://item.jd.com/12353915.html">零基础学Python</a></p>
12    <p class="p-1" value = "2"><a href="https://item.jd.com/12451724.html">Python从入门到项目实践</a></p>
13    <p class="p-3" value = "3"><a href="https://item.jd.com/12512461.html">Python项目开发案例集锦</a></p>
14    <div class="div-2" value = "4"><a href="https://item.jd.com/12550531.html">Python编程锦囊</a></div>
15    </body>
16    </html>
17    """
18    # 创建一个BeautifulSoup对象，获取页面正文
19    soup = BeautifulSoup(html_doc, features="lxml")
20    print('指定字符串所获取的内容如下：')
21    print(soup.find_all(text='零基础学Python'))         # 打印指定字符串所获取的内容
22    print('指定正则表达式对象所获取的内容如下：')
23    print(soup.find_all(text=re.compile('Python')))     # 打印指定正则表达式对象所获取的内容
```

程序运行结果如图8.16所示。

```
指定字符串所获取的内容如下：
['零基础学Python']
指定正则表达式对象所获取的内容如下：
['零基础学Python', 'Python从入门到项目实践', 'Python项目开发案例集锦', 'Python编程锦囊']
```

图8.16　获取指定字符串的内容

8.3.2　find()——获取第一个匹配的节点内容

(实例8.12) 获取第一个匹配的节点内容

find_all()方法可以获取所有符合条件的节点内容，而find()方法只能获取第一个匹配的节点内容。代码如下：

```
01  from bs4 import BeautifulSoup    # 导入BeautifulSoup库
02  import re                        # 导入正则表达式模块
```

```
03  # 创建模拟HTML代码的字符串
04  html_doc = """
05  <html>
06  <head>
07      <title>方法获取演示</title>
08      <meta charset="utf-8"/>
09  </head>
10  <body>
11  <p class="p-1" value = "1"><a href="https://item.jd.com/12353915.html">零基础学Python</a></p>
12  <p class="p-1" value = "2"><a href="https://item.jd.com/12451724.html">Python从入门到项目实践</a></p>
13  <p class="p-3" value = "3"><a href="https://item.jd.com/12512461.html">Python项目开发案例集锦</a></p>
14  <div class="div-2" value = "4"><a href="https://item.jd.com/12550531.html">Python编程锦囊</a></div>
15  </body>
16  </html>
17  """
18  # 创建一个BeautifulSoup对象，获取页面正文
19  soup = BeautifulSoup(html_doc, features="lxml")
20  print(soup.find(name='p'))                          # 打印第一个name为p的节点内容
21  print(soup.find(class_='p-3'))                      # 打印第一个class为p-3的节点内容
22  print(soup.find(attrs={'value':'4'}))               # 打印第一个value为4的节点内容
23  print(soup.find(text=re.compile('Python')))         # 打印第一个文本中包含Python的文本信息
```

程序运行结果如图8.17所示。

```
<p class="p-1" value="1"><a href="https://item.jd.com/12353915.html">零基础学Python</a></p>
<p class="p-3" value="3"><a href="https://item.jd.com/12512461.html">Python项目开发案例集锦</a></p>
<div class="div-2" value="4"><a href="https://item.jd.com/12550531.html">Python编程锦囊</a></div>
零基础学Python
```

图8.17 获取第一个匹配的节点内容

8.3.3 其他方法

除了以上的find_all()和find()方法可以实现按照指定条件获取节点内容以外，Beautiful Soup还提供了其他多个方法，这些方法的使用方式与find_all()和find()相同，只是查询的范围不同，各方法的具体说明如表8.2所示。

表8.2 根据条件获取节点内容的其他方法

方法名称	描述
find_parent()	获取父节点内容
find_parents()	获取所有祖先节点内容
find_next_sibling()	获取后面第一个兄弟节点内容
find_next_siblings()	获取后面所有兄弟节点内容
find_previous_sibling()	获取前面第一个兄弟节点内容
find_previous_siblings()	获取前面所有兄弟节点内容
find_next()	获取当前节点的下一个第一个符合条件的节点内容
find_all_next()	获取当前节点的下一个所有符合条件的节点内容
find_previous()	获取第一个符合条件的节点内容
find_all_previous()	获取所有符合条件的节点内容

8.4 CSS 选择器

Beautiful Soup 还提供了 CSS 选择器来获取节点内容，如果是 Tag 或者是 Beautiful Soup 对象，都可以直接调用 select() 方法，然后填写指定参数即可通过 CSS 选择器获取到节点中的内容。如果对 CSS 选择器不是很熟悉，可以参考 "https://www.w3school.com.cn/cssref/css_selectors.asp" CSS 选择器参考手册。

在使用 CSS 选择器获取节点内容时，首先需要调用 select() 方法，然后为其指定字符串类型的 CSS 选择器。常见的 CSS 选择器如下：

- 直接填写字符串类型的节点名称。
- .class：表示指定 class 属性值。
- #id：表示指定 id 属性的值。

实例 8.13 使用 CSS 选择器获取节点内容

select() 方法基本使用方式可以参考以下代码：

```
from bs4 import BeautifulSoup    # 导入BeautifulSoup库
# 创建模拟HTML代码的字符串
html_doc = """
<html>
<head>
```

```html
        <title>关联获取演示</title>
        <meta charset="utf-8"/>
</head>
<body>
    <div class="test_1" id="class_1">
        <p class="p-1" value = "1"><a href="https://item.jd.com/12353915.html">零基础学Python</a></p>
        <p class="p-2" value = "2"><a href="https://item.jd.com/12451724.html">Python从入门到项目实践</a></p>
        <p class="p-3" value = "3"><a href="https://item.jd.com/12512461.html">Python项目开发案例集锦</a></p>
        <p class="p-4" value = "4"><a href="https://item.jd.com/12550531.html">Python编程锦囊</a></p>
    </div>
    <div class="test_2" id="class_2">
        <p class="p-5"><a href="https://item.jd.com/12185501.html">零基础学Java（全彩版）</a></p>
        <p class="p-6"><a href="https://item.jd.com/12199033.html">零基础学Android（全彩版）</a></p>
        <p class="p-7"><a href="https://item.jd.com/12250414.html">零基础学C语言（全彩版）</a></p>
    </div>
</body>
</html>
"""
```

```python
# 创建一个BeautifulSoup对象，获取页面正文
soup = BeautifulSoup(html_doc, features="lxml")
print('所有p节点内容如下：')
print(soup.select('p'))                    # 打印所有p节点内容
print('所有p节点中的第二个p节点内容如下：')
print(soup.select('p')[1])                 # 打印所有p节点中的第二个p节点
print('逐层获取的title节点如下：')
print(soup.select('html head title'))      # 打印逐层获取的title节点
print('类名为test_2所对应的节点如下：')
print(soup.select('.test_2'))              # 打印类名为test_2所对应的节点
print('id值为class_1所对应的节点如下：')
print(soup.select('#class_1'))             # 打印id值为class_1所对应的节点
```

程序运行结果如图8.18所示。

所有p节点内容如下：
[<p class="p-1" value="1"><a href="https://item.jd.com/12353915.html">零基础学Python</a></p>, <p class="p-2" value="2"><a href="https://item.jd.com/12451724.html">Python从入门到项目实践</a></p>, <p class="p-3" value="3"><a href="https://item.jd.com/12512461.html">Python项目开发案例集锦</a></p>, <p class="p-4" value="4"><a href="https://item.jd.com/12550531.html">Python编程锦囊</a></p>, <p class="p-5"><a href="https://item.jd.com/12185501.html">零基础学Java（全彩版）</a></p>, <p class="p-6"><a href="https://item.jd.com/12199033.html">零基础学Android（全彩版）</a></p>, <p class="p-7"><a href="https://item.jd.com/12250414.html">零基础学C语言（全彩版）</a></p>]
所有p节点中的第二个p节点内容如下：
<p class="p-2" value="2"><a href="https://item.jd.com/12451724.html">Python从入门到项目实践</a></p>
逐层获取的title节点如下：
[<title>关联获取演示</title>]
类名为test_2所对应的节点如下：
[<div class="test_2" id="class_2">
<p class="p-5"><a href="https://item.jd.com/12185501.html">零基础学Java（全彩版）</a></p>
<p class="p-6"><a href="https://item.jd.com/12199033.html">零基础学Android（全彩版）</a></p>
<p class="p-7"><a href="https://item.jd.com/12250414.html">零基础学C语言（全彩版）</a></p>
</div>]
id值为class_1所对应的节点如下：
[<div class="test_1" id="class_1">
<p class="p-1" value="1"><a href="https://item.jd.com/12353915.html">零基础学Python</a></p>
<p class="p-2" value="2"><a href="https://item.jd.com/12451724.html">Python从入门到项目实践</a></p>
<p class="p-3" value="3"><a href="https://item.jd.com/12512461.html">Python项目开发案例集锦</a></p>
<p class="p-4" value="4"><a href="https://item.jd.com/12550531.html">Python编程锦囊</a></p>
</div>]

图8.18　CCS选择器所获取的节点

select()方法除了以上的基本使用方式以外，还可以实现嵌套获取、获取属性值以及获取文本等。这里以本小节示例代码中的HTML代码为例，获取节点内容的其他方式如表8.3所示。

表8.3　根据条件获取节点内容的其他方法

获取节点内容方式	描　述
soup.select('div[class=" test_1 "]')[0].select('p')[0]	嵌套获取class名为test_1对应的div中所有p节点中的第一个
soup.select('p')[0]['value'] soup.select('p')[0].attrs['value']	获取所有p节点中第一个节点内value属性对应的值（两种方式）
soup.select('p')[0].get_text() soup.select('p')[0].string	获取所有p节点中第一个节点内的文本（两种方式）
soup.select('p')[1:]	获取所有p节点中第二个以后的p节点
soup.select('.p-1,.p-5')	获取class名为p-1与p-5对应的节点
soup.select('a[href]')	获取存在href属性的所有a节点
soup.select('p[value=" 1 "]')	获取所有属性值value=" 1 "的p节点

说明　Beautiful Soup还提供了一个select_one()方法，用于获取所有符合条件节点中的第一个节点，例如soup.select_one('a')将获取所有a节点中的第一个a节点内容。

本章知识思维导图

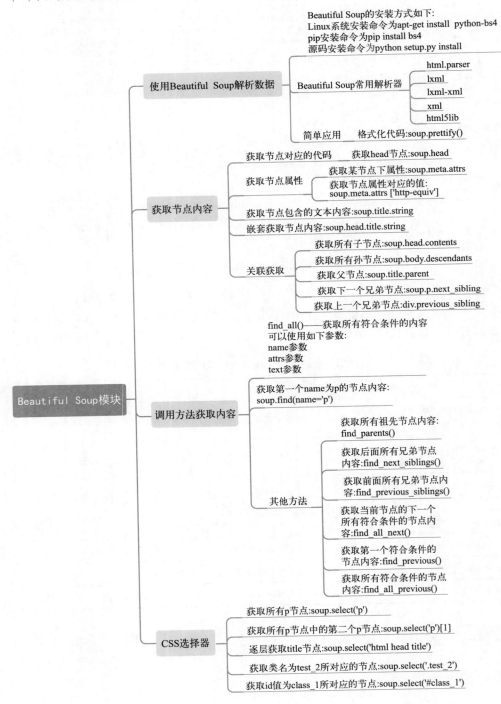

第 9 章

数据处理与文件存取

本章学习目标
- ☑ 掌握两种常见的 pandas 数据结构
- ☑ 熟练掌握数据的基本操作
- ☑ 掌握如何处理 NaN 数据
- ☑ 掌握如何去除重复数据
- ☑ 熟悉 TXT、CSV、Excel 三种文件的存取方式
- ☑ 掌握 MySQL 数据库的使用方法

9.1 了解 pandas 数据结构

在实现数据处理时,可以使用 pandas 模块来实现。pandas 的数据结构有两大核心,分别是 Series 与 DataFrame。其中 Series 是一维数组,与 Python 中基本数据结构 List 相近。Series 可以保存多种数据类型的数据,如布尔值、字符串、数字类型等。DataFrame 类似于 Excel 表格,是一种二维的表格型数据结构。

9.1.1 Series 对象

(1) 创建 Series 对象

在创建 Series 对象时,只需要将数组形式的数据传入 Series() 构造函数中即可。示例代码如下:

```
01  import pandas as pd        # 导入pandas
02  data = ['A','B','C']       # 创建数据数组
03  series = pd.Series(data)   # 创建Series对象
04  print(series)              # 打印Series对象内容
```

程序运行结果如下:

```
0    A
1    B
2    C
dtype: object
```

> **说明** 在以上的运行结果中,左侧数字为索引列,右侧的字母列为索引对应的元素。Series 对象在没有指定索引时,将默认生成从 0 开始依次递增的索引值。

在创建 Series 对象时,是可以指定索引名称的,例如指定索引项为 a、b、c 时。示例代码如下:

```
01  import pandas as pd                          # 导入pandas
02  data = ['A','B','C']                         # 创建数据数组
03  index = ['a','b','c']                        # 创建索引名称的数组
04  series = pd.Series(data,index=index)         # 创建指定索引的Series对象
05  print(series)                                # 打印指定索引的Series对象内容
```

程序运行结果如下:

```
a    A
b    B
c    C
dtype: object
```

(2)访问数据

在访问 Series 对象中的数据时,可以单独访问索引数组或元素数组。示例代码如下:

```
01  print('索引数组为: ',series.index)           # 打印索引数组
02  print('元素数组为: ',series.values)          # 打印元素数组
```

程序运行结果如下:

```
索引数组为: Index(['a', 'b', 'c'], dtype='object')
元素数组为: ['A' 'B' 'C']
```

如果需要获取指定下标的数组元素,可以直接通过"Series 对象[下标]"的方式进行数组元素的获取,数组下标从 0 开始。示例代码如下:

```
01  print('指定下标的数组元素为：',series[1])           # 打印指定下标的
数组元素
02  print('指定索引的数组元素为：',series['a'])         # 打印指定索引的
数组元素
```

程序运行结果如下：

```
指定下标的数组元素为：B
指定索引的数组元素为：A
```

如果需要获取多个下标对应的 Series 对象，可以指定下标范围。示例代码如下：

```
01  # 打印下标为0、1、2对应的Series对象
02  print('获取多个下标对应的Series对象：')
03  print(series[0:3])
```

程序运行结果如下：

```
获取多个下标对应的Series对象：
a    A
b    B
c    C
dtype: object
```

不仅可以通过指定下标范围的方式获取 Series 对象，还可以通过指定多个索引的方式获取 Series 对象。示例代码如下：

```
01  # 打印索引a、b对应的Series对象
02  print('获取多个索引对应的Series对象：')
03  print(series[['a','b']])
```

程序运行结果如下：

```
获取多个索引对应的Series对象：
a    A
b    B
dtype: object
```

（3）修改元素值

在实现修改 Series 对象的元素值时，同样可以通过指定下标或者是指定索引的方式来实现。示例代码如下：

```
01  series[0] = 'D'         # 修改下标为0的元素值
02  print('修改下标为0的元素值：\n')
03  print(series)                      # 打印修改元素值以后的Series对象
04  series['b'] = 'A'       # 修改索引为b的元素值
05  print('修改索引为b的元素值：')
06  print(series)                      # 打印修改元素值以后的Series对象
```

程序运行结果如下：

```
修改下标为0的元素值：
a    D
b    B
c    C
dtype: object
修改索引为b的元素值：
a    D
b    A
c    C
dtype: object
```

9.1.2 DataFrame对象

在创建DataFrame对象时，需要通过字典来实现。其中每列的名称为键，而每个键对应的是一个数组，这个数组作为值。示例代码如下：

```
01  import pandas as pd     # 导入pandas
02  data = {'A': [1, 2, 3, 4, 5],
03          'B': [6, 7, 8, 9, 10],
04          'C':[11,12,13,14,15]}
05  data__frame = pd.DataFrame(data)  # 创建DataFrame对象
06  print(data__frame)   # 打印DataFrame对象内容
```

程序运行结果如下：

```
   A   B   C
0  1   6  11
1  2   7  12
2  3   8  13
3  4   9  14
4  5  10  15
```

说明　在以上运行结果中，左侧单独的数字为索引列，在没有指定特定的索引时，

DataFrame 对象默认的索引将从 0 开始递增。右侧 A、B、C 列名为键，列名对应的值为数组。

DataFrame 对象同样可以单独指定索引名称，指定方式与 Series 对象类似。示例代码如下：

```
01  import pandas as pd    # 导入pandas
02  data = {'A': [1, 2, 3, 4, 5],
03         'B': [6, 7, 8, 9, 10],
04         'C':[11,12,13,14,15]}
05  index = ['a','b','c','d','e']  # 自定义索引
06  data_frame = pd.DataFrame(data,index = index)  # 创建自定义索引DataFrame对象
07  print(data_frame)  # 打印DataFrame对象内容
```

程序运行结果如下：

```
   A   B   C
a  1   6   11
b  2   7   12
c  3   8   13
d  4   9   14
e  5   10  15
```

如果数据中含有不需要的数据列，可以在创建 DataFrame 对象时指定需要的数据列名。示例代码如下：

```
01  import pandas as pd    # 导入pandas
02  data = {'A': [1, 2, 3, 4, 5],
03         'B': [6, 7, 8, 9, 10],
04         'C':[11,12,13,14,15]}
05  data_frame = pd.DataFrame(data,columns=['B','C'])  # 创建指定列名的DataFrame对象
06  print(data_frame)  # 打印DataFrame对象内容
```

程序运行结果如下：

```
   B   C
0  6   11
1  7   12
2  8   13
3  9   14
4  10  15
```

9.2 数据处理

9.2.1 增添数据

如果需要为 DataFrame 对象添加一列数据，可以先创建列名，然后为其赋值数据。示例代码如下：

```
01  import pandas as pd        # 导入pandas
02  data = {'A': [1, 2, 3, 4, 5],
03          'B': [6, 7, 8, 9, 10],
04          'C':[11,12,13,14,15]}
05  data_frame = pd.DataFrame(data)    # 创建DataFrame对象
06  data_frame['D'] = [10,20,30,40,50]   # 增加D列数据
07  print(data_frame)                    # 打印DataFrame对象内容
```

程序运行结果如下：

```
   A  B   C   D
0  1  6   11  10
1  2  7   12  20
2  3  8   13  30
3  4  9   14  40
4  5  10  15  50
```

9.2.2 删除数据

pandas 模块中提供了 drop() 函数，用于删除 DataFrame 对象中的某行或某列数据，该函数提供了多个参数，其中比较常用的参数含义如表 9.1 所示。

表 9.1　drop() 函数常用参数含义

参数名	描述
labels	需要删除的行或列的名称，接收 string 或 array
axis	默认为0，表示删除行，当 axis=1 时表示删除列
index	指定需要删除的行
columns	指定需要删除的列
inplace	设置为 False 表示不改变原数据，返回一个执行删除后的新 DataFrame 对象。设置为 True 将对原数据进行删除操作

实现删除 DataFrame 对象原数据中指定列与索引的行数据，代码如下：

```
01  data_frame.drop([0],inplace=True)    # 删除原数据中索引为0的那行数据
02  data_frame.drop(labels='A',axis=1,inplace=True)  # 删除原数据中列名为A的那列数据
03  print(data_frame)                    # 打印DataFrame对象内容
```

程序运行结果如下：

```
    B   C
1   7  12
2   8  13
3   9  14
4  10  15
```

多学两招　在实现删除 DataFrame 对象中指定列名的数据时，也可以通过 del 关键字来实现，例如删除原数据中列名为 A 的数据，即可使用 del data_frame['A'] 代码。

drop()函数除了可以删除指定的列或行数据以外，还可以通过指定行索引的范围，实现删除多行数据。示例代码如下：

```
01  # 删除原数据中行索引从0至2的前三行数据
02  data_frame.drop(labels=range(0,3),axis=0,inplace=True)
03  print(data_frame)                    # 打印DataFrame对象内容
```

程序运行结果如下：

```
   A   B   C
3  4   9  14
4  5  10  15
```

9.2.3 修改数据

当需要修改 DataFrame 对象中某一列的某个元素时，需要通过赋值的方式来进行元素的修改。示例代码如下：

```
01  data_frame['A'][2] = 10              # 将A列中第三行数据修改为10
02  print(data_frame)                    # 打印DataFrame对象内容
```

程序运行结果如下：

```
   A  B   C
0  1  6  11
1  2  7  12
```

```
2   10    8   13
3    4    9   14
4    5   10   15
```

在修改 DataFrame 对象中某一列的所有数据时,需要了解当前修改列名所对应的元素数组中包含多少个元素,然后根据原有元素的个数进行对应元素的修改。代码如下:

```
01  data__frame['B'] = [5,4,3,2,1]      # 将B列中所有数据修改
02  print(data__frame)                  # 打印DataFrame对象内容
```

程序运行结果如下:

```
   A  B   C
0  1  5  11
1  2  4  12
2  3  3  13
3  4  2  14
4  5  1  15
```

注意 如果在修改 B 列中所有数据时,修改的元素数量与原有的元素数量不匹配,将出现如图 9.1 所示的错误信息。

```
Traceback (most recent call last):
  File "C:/demo/demo.py", line 12, in <module>
    data__frame['B'] = [5,4,3]          # 将B列中所有数据修改
  File "G:\Python\Python37\lib\site-packages\pandas\core\frame.py", line 3370, in __setitem__
    self._set_item(key, value)
  File "G:\Python\Python37\lib\site-packages\pandas\core\frame.py", line 3445, in _set_item
    value = self._sanitize_column(key, value)
  File "G:\Python\Python37\lib\site-packages\pandas\core\frame.py", line 3630, in _sanitize_column
    value = sanitize_index(value, self.index, copy=False)
  File "G:\Python\Python37\lib\site-packages\pandas\core\internals\construction.py", line 519, in sanitize_index
    raise ValueError('Length of values does not match length of index')
ValueError: Length of values does not match length of index
```

图9.1 修改元素数量不匹配

说明 将某一列赋值为单个元素时,例如,data__frame['B']=1,此时 B 列所对应的数据都将被修改为1。

9.2.4 查询数据

在获取 DataFrame 对象中某一列的数据时,可以通过直接指定列名或直接调用

列名的属性来获取指定列的数据。示例代码如下：

```
01  import pandas as pd      # 导入pandas
02  data = {'A': [1, 2, 3, 4, 5],
03          'B': [6, 7, 8, 9, 10],
04          'C':[11,12,13,14,15]}
05  data__frame = pd.DataFrame(data)   # 创建DataFrame对象
06  print('指定列名的数据为：\n',data__frame['A'])
07  print('指定列名属性的数据为：\n',data__frame.B)
```

程序运行结果如下：

```
指定列名的数据为：
 0    1
 1    2
 2    3
 3    4
 4    5
Name: A, dtype: int64
指定列名属性的数据为：
 0    6
 1    7
 2    8
 3    9
 4    10
Name: B, dtype: int64
```

在获取DataFrame对象第1行至第3行的数据时，可以通过指定行索引范围的方式来获取数据。行索引从0开始，行索引0对应的是DataFrame对象中的第1行数据。

```
print('获取指定行索引范围的数据：\n',data__frame[0:3])
```

程序运行结果如下：

```
获取指定行索引范围的数据：
   A  B   C
0  1  6  11
1  2  7  12
2  3  8  13
```

说明 在获取指定行索引范围的示例代码中，0为起始行索引的位置，3为结束行索引的位置，所以此次获取内容并不包含行索引为 3 的数据。

在获取 DataFrame 对象中某一列的某个元素时，可以通过依次指定列名称、行索引来进行数据的获取。示例代码如下：

```
print('获取指定列中的某个数据：',data__frame['B'][2])
```

程序运行结果如下：

```
获取指定列中的某个数据：8
```

9.3 NaN 数据处理

NaN 数据在 numpy 模块中用于表示空缺数据，所以在数据分析中偶尔会需要将数据结构中的某个元素修改为 NaN 值，这时只需要调用 numpy.NaN 为需要修改的元素赋值即可实现修改元素的目的。示例代码如下：

```
01  data__frame['A'][0] = numpy.nan        # 将数据中列名为A，行索引为0的元素
修改为NaN
02  print(data__frame)                     # 打印DataFrame对象内容
```

程序运行结果如下：

```
     A    B   C
0  NaN    6  11
1  2.0    7  12
2  3.0    8  13
3  4.0    9  14
4  5.0   10  15
```

pandas 提供了两个可以快速识别空缺值的方法。isnull() 方法用于判断是否为空缺值，如果是空缺值将返回 True。notnull() 方法用于识别非空缺值，该方法在检测出不是空缺值的数据时将返回 True。通过这两个方法与统计函数的方法即可获取数据中空缺值与非空缺值的具体数量。示例代码如下：

```
03  print('每列空缺值数量为：\n',data__frame.isnull().sum())      # 打印数据中
空缺值数量
04  print('每列非空缺值数量为：\n',data__frame.notnull().sum())   # 打印数据
中非空缺值数量
```

程序运行结果如下:

```
每列空缺值数量为:
 A    1
 B    0
 C    0
dtype: int64
每列非空缺值数量为:
 A    4
 B    5
 C    5
dtype: int64
```

在实现 NaN 元素的筛选时，可以使用 dropna() 函数来实现，例如，将 NaN 元素所在的整行数据删除。示例代码如下：

```
01  data_frame.dropna(axis=0,inplace=True)   # 将NaN元素所在的整行数据删除
02  print(data_frame)                         # 打印DataFrame对象内容
```

程序运行结果如下:

```
     A    B   C
1  2.0    7  12
2  3.0    8  13
3  4.0    9  14
4  5.0   10  15
```

> **说明** 如果需要将数据中包含 NaN 元素所在的整列数据删除，可以将 axis 参数设置为 1。

dropna() 函数提供了一个 how 参数，如果将该参数设置为 all，dropna() 函数将会删除某行或者某列所有元素全部为 NaN 的值。代码如下：

```
01  import pandas as pd       # 导入pandas
02  import numpy              # 导入numpy
03  data = {'A': [1, 2, 3, 4, 5],
04          'B': [6, 7, 8, 9, 10],
05          'C':[11,12,13,14,15]}
06  data_frame = pd.DataFrame(data)           # 创建DataFrame对象
07  data_frame['A'][0] = numpy.nan            # 将数据中列名为A行索引为0的元素修改为NaN
08  data_frame['A'][1] = numpy.nan            # 将数据中列名为A行索引为1的元素修改为NaN
```

```
09  data__frame['A'][2] = numpy.nan       # 将数据中列名为A行索引为2的元素修
改为NaN
10  data__frame['A'][3] = numpy.nan       # 将数据中列名为A行索引为3的元素修
改为NaN
11  data__frame['A'][4] = numpy.nan       # 将数据中列名为A行索引为4的元素修
改为NaN
12  data__frame.dropna(how='all',axis=1,inplace=True)   # 删除包含NaN元素
对应的整行数据
13  print(data__frame)                    # 打印DataFrame对象内容
```

程序运行结果如下：

```
   B   C
0  6   11
1  7   12
2  8   13
3  9   14
4  10  15
```

说明 由于 axis 的默认值为 0，也就是说只对行数据进行删除，而所有元素都为 NaN 的是列，所以在指定 how 参数时还需要指定删除目标为列，即 axis=1。

当处理数据中的 NaN 元素时，为了避免删除数据中比较重要的参考数据，可以使用 fillna() 函数将数据中 NaN 元素替换为同一个元素，这样在实现数据分析时可以很清楚地知道哪些元素无用，即为 NaN 元素。示例代码如下：

```
01  import pandas as pd        # 导入pandas
02  data = {'A': [1, None, 3, 4, 5],
03          'B': [6, 7, 8, None, 10],
04          'C': [11, 12, None, 14, None]}
05  data__frame = pd.DataFrame(data)   # 创建DataFrame对象
06  data__frame.fillna(0, inplace=True)  # 将数据中所有NaN元素修改为0
07  print(data__frame)         # 打印DataFrame对象内容
```

程序运行结果如下：

```
     A     B     C
0  1.0   6.0  11.0
1  0.0   7.0  12.0
2  3.0   8.0   0.0
3  4.0   0.0  14.0
4  5.0  10.0   0.0
```

如果需要将不同列中的NaN元素，修改为不同的元素值，可以通过字典的方式对每列依次修改。示例代码如下：

```
01  import pandas as pd        # 导入pandas
02  data = {'A': [1, None, 3, 4, 5],
03          'B': [6, 7, 8, None, 10],
04          'C': [11, 12, None, 14, None]}
05  data_frame = pd.DataFrame(data)   # 创建DataFrame对象
06  print(data_frame)  # 打印修改前DataFrame对象内容
07  # 将数据中A列中NaN元素修改为0，B列修改为1，C列修改为2
08  data_frame.fillna({'A':0,'B':1,'C':2}, inplace=True)
09  print(data_frame)  # 打印修改后DataFrame对象内容
```

修改前运行结果如图9.2所示，修改后运行结果如图9.3所示。

```
     A    B     C
0  1.0   6.0  11.0
1  NaN   7.0  12.0
2  3.0   8.0   NaN
3  4.0   NaN  14.0
4  5.0  10.0   NaN
```

图9.2　修改前运行结果

```
     A    B     C
0  1.0   6.0  11.0
1  0.0   7.0  12.0
2  3.0   8.0   2.0
3  4.0   1.0  14.0
4  5.0  10.0   2.0
```

图9.3　修改后运行结果

9.4　去除重复数据

pandas提供了一个drop_duplicates()方法，用于去除指定列中的重复数据。语法格式如下：

```
pandas.dataFrame.drop_duplicates(subset=None, keep='first', inplace=False)
```

drop_duplicates()方法的常用参数及含义如表9.2所示。

表9.2　drop_duplicates()方法中常用的参数及含义

参数名	描述
subset	表示指定需要去重的列名，也可以是多个列名组成的列表。默认为None，表示全部列
keep	表示保存重复数据的哪一条数据，first表示保留第一条，last表示保留最后一条，False表示重项数据都不保留。默认为first
inplace	表示是否在原数据中进行操作，默认为False

在指定去除某一列中重复数据时，需要在subset参数位置指定列名。示例代码如下：

```
01  import pandas as pd     # 导入pandas
02  # 创建数据
03  data = {'A': ['A1','A1','A3'],
04          'B': ['B1','B2','B1']}
05  data_frame = pd.DataFrame(data)   # 创建DataFrame对象
06  data_frame.drop_duplicates('A',inplace=True)   # 指定列名为A
07  print(data_frame)                              # 打印移除后的数据
```

程序运行结果如下：

```
    A   B
0  A1  B1
2  A3  B1
```

注意 在去除 DataFrame 对象中的重复数据时，将会删除指定列中重复数据所对应的整行数据。

说明 drop_duplicates() 方法除了删除 DataFrame 对象中的数据行以外还可以对 DataFrame 对象中的某一列数据进行重复数据的删除，例如，删除 DataFrame 对象中 A 列内重复数据，即可使用此段代码：new_data=data_frame['A'].drop_duplicates()。

drop_duplicates()方法不仅可以实现DataFrame对象中单列的去重操作，还可以实现多列的去重操作。示例代码如下：

```
01  import pandas as pd     # 导入pandas
02  # 创建数据
03  data = {'A': ['A1','A1','A1','A2','A2'],
04          'B': ['B1','B1','B3','B4','B5'],
05          'C': ['C1', 'C2', 'C3','C4','C5']}
06  data_frame = pd.DataFrame(data)   # 创建DataFrame对象
07  data_frame.drop_duplicates(subset=['A','B'],inplace=True)   # 进行多
列去重操作
08  print(data_frame)                              # 打印移除后的数据
```

程序运行结果如下：

```
    A   B   C
0  A1  B1  C1
2  A1  B3  C3
3  A2  B4  C4
4  A2  B5  C5
```

9.5 文件的存取

9.5.1 基本文件操作TXT

（1）TXT文件存储

如果想要简单地进行TXT文件存储工作，可以通过open()函数操作文件实现，即需要先创建或者打开指定的文件并创建文件对象。open()函数的基本语法格式如下：

```
file = open(filename[,mode[,buffering]])
```

参数说明：
- file：被创建的文件对象。
- filename：要创建或打开文件的文件名称，需要使用单引号或双引号括起来。如果要打开的文件和当前文件在同一个目录下，那么直接写文件名即可，否则需要指定完整路径。例如，要打开当前路径下的名称为status.txt的文件，可以使用"status.txt"。
- mode：可选参数，用于指定文件的打开模式。其参数值如表9.3所示。默认的打开模式为只读（即r）。

表9.3　mode参数的参数值说明

值	说明	注意
r	以只读模式打开文件。文件的指针将会放在文件的开头	文件必须存在
rb	以二进制格式打开文件，并且采用只读模式。文件的指针将会放在文件的开头。一般用于非文本文件，如图片、声音等	
r+	打开文件后，可以读取文件内容，也可以写入新的内容覆盖原有内容（从文件开头进行覆盖）	
rb+	以二进制格式打开文件，并且采用读写模式。文件的指针将会放在文件的开头。一般用于非文本文件，如图片、声音等	
w	以只写模式打开文件	文件存在，则将其覆盖，否则创建新文件
wb	以二进制格式打开文件，并且采用只写模式。一般用于非文本文件，如图片、声音等	
w+	打开文件后，先清空原有内容，使其变为一个空的文件，对这个空文件有读写权限	
wb+	以二进制格式打开文件，并且采用读写模式。一般用于非文本文件，如图片、声音等	
a	以追加模式打开一个文件。如果该文件已经存在，文件指针将放在文件的末尾（即新内容会被写入到已有内容之后），否则，创建新文件用于写入	

续表

值	说明	注意
ab	以二进制格式打开文件，并且采用追加模式。如果该文件已经存在，文件指针将放在文件的末尾（即新内容会被写入到已有内容之后），否则，创建新文件用于写入	
a+	以读写模式打开文件。如果该文件已经存在，文件指针将放在文件的末尾（即新内容会被写入到已有内容之后），否则，创建新文件用于读写	
ab+	以二进制格式打开文件，并且采用追加模式。如果该文件已经存在，文件指针将放在文件的末尾（即新内容会被写入到已有内容之后），否则，创建新文件用于读写	

- buffering：可选参数，用于指定读写文件的缓冲模式。值为0表示不缓存；值为1表示缓存；如果大于1，则表示缓冲区的大小。默认为缓存模式。

实例 9.1　TXT 文件存储

以爬取某网页中的励志名句为例，首先通过requests发送网络请求，然后接受响应结果并通过Beautiful Soup解析HTML代码，接着提取所有信息，最后将信息逐条写入data.txt文件当中。示例代码如下：

```
09  import requests        # 导入网络请求模块
10  from bs4 import BeautifulSoup   # HTML解析库
11
12  url = 'http://quotes.toscrape.com/tag/inspirational/'    # 定义请求地址
13  headers = {'User-Agent':'Mozilla/5.0 (Windows NT 10.0; WOW64) AppleWebKit/537.36 (KHTML, like Gecko) Chrome/80.0.3987.149 Safari/537.36'}
14  response = requests.get(url,headers)    # 发送网络请求
15  if response.status_code==200:      # 如果请求成功
16      #创建一个BeautifulSoup对象，获取页面正文
17      soup = BeautifulSoup(response.text, features="lxml")
18      text_all = soup.find_all('span',class_='text')   # 获取所有显示励志名句的span标签
19      txt_file = open('data.txt','w',encoding='utf-8') # 创建open对象
20      for i,value in enumerate(text_all):              # 循环遍历爬取内容
21          txt_file.write(str(i)+value.text+'\n')       # 写入爬取的每条励志名句并在结尾换行
22      txt_file.close()                                 # 关闭文件操作
```

运行以上示例代码后，当前目录中将自动生成data.txt文件，打开文件将显示如图9.4所示的结果。

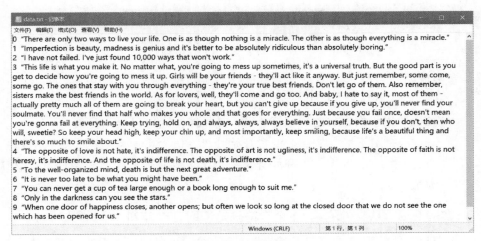

图9.4　文件内容

（2）读取TXT文件

在Python中打开文件后，除了可以向其写入或追加内容，还可以读取文件中的内容。读取文件内容主要分为以下几种情况。

① 读取指定字符。

文件对象提供了read()方法读取指定个数的字符。其语法格式如下：

```
file.read(size)
```

其中，file为打开的文件对象；size为可选参数，用于指定要读取的字符个数，如果省略则一次性读取所有内容。

实例 9.2　读取 message.txt 文件中的前 9 个字符

读取 message.txt 文件中的前9个字符，可以使用下面的代码。

```
01  with open('message.txt','r') as file:    # 打开文件
02      string = file.read(9)                # 读取前9个字符
03      print(string)
```

如果message.txt的文件内容为：

Python的强大，强大到你无法想象！！！

那么执行上面的代码将显示以下结果：

Python的强大

使用read(size)方法读取文件时，是从文件的开头读取的。如果想要读取部分内容，可以先使用文件对象的seek()方法将文件的指针移动到新的位置，然后再

应用read(size)方法读取。seek()方法的基本语法格式如下：

```
file.seek(offset[,whence])
```

参数说明：
- ☑ file：表示已经打开的文件对象。
- ☑ offset：用于指定移动的字符个数，其具体位置与whence有关。
- ☑ whence：用于指定从什么位置开始计算。值为0表示从文件头开始计算，值为1表示从当前位置开始计算，值为2表示从文件尾开始计算，默认为0。

实例9.3 从文件的第11个字符开始读取8个字符

想要从文件的第11个字符开始读取8个字符，可以使用下面的代码。

```
04  with open('message.txt','r') as file:    # 打开文件
05      file.seek(14)                        # 移动文件指针到新的位置
06      string = file.read(8)                # 读取8个字符
07      print(string)
```

如果message.txt的文件内容为：

```
Python的强大，强大到你无法想象！！！
```

那么执行上面的代码将显示以下结果：

```
强大到你无法想象
```

说明 在使用seek()方法时，offset的值是按一个汉字占两个字符、英文和数字占一个字符计算的。这与read(size)方法不同。

② 读取一行。

实例9.4 读取一行

在使用read()方法读取文件时，如果文件很大，一次读取全部内容到内存，容易造成内存不足，所以通常会采用逐行读取。文件对象提供了readline()方法用于每次读取一行数据。readline()方法的基本语法格式如下：

```
file.readline()
```

其中，file为打开的文件对象。同read()方法一样，打开文件时，也需要指定打开模式为r（只读）或者r+（读写）。

```
print("\n","="*20,"Python经典应用","="*20,"\n")
with open('message.txt','r') as file:    # 打开保存Python经典应用信息的文件
    number = 0    # 记录行号
    while True:
        number += 1
        line = file.readline()
        if line =='':
            break    # 跳出循环
        print(number,line,end= "\n")    # 输出一行内容
print("\n","="*20,"over","="*20,"\n")
```

执行上面的代码，将显示如图9.5所示的结果。

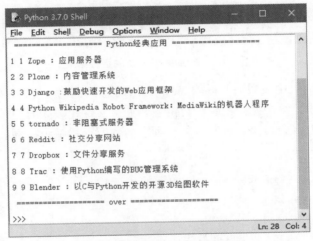

图9.5 逐行显示Python经典应用

③ 读取全部行。

实例 9.5 读取全部行

读取全部行的作用同调用read()方法时不指定size类似，只不过读取全部行时，返回的是一个字符串列表，每个元素为文件的一行内容。读取全部行，使用的是文件对象的readlines()方法，其语法格式如下：

```
file.readlines()
```

其中，file为打开的文件对象。同read()方法一样，打开文件时，也需要指定打开模式为r（只读）或者r+（读写）。

例如，通过readlines()方法读取message.txt文件中的所有内容，并输出读取结果，代码如下：

```
08  print("\n","="*20,"Python经典应用","="*20,"\n")
09  with open('message.txt','r') as file:     # 打开保存Python经典应用信息的文件
10      message = file.readlines()             # 读取全部信息
11      print(message)                         # 输出信息
12  print("\n","="*25,"over","="*25,"\n")
```

执行上面的代码，将显示如图9.6所示的运行结果。

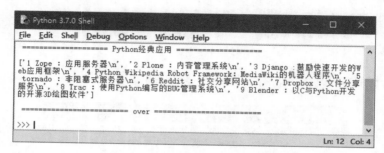

图9.6　readlines()方法的运行结果

从该运行结果中可以看出readlines()方法的返回值为一个字符串列表。在这个字符串列表中，每个元素记录一行内容。如果文件比较大时，采用这种方法输出读取的文件内容会很慢。这时可以将列表的内容逐行输出。例如，代码可以修改为以下内容：

```
13  print("\n","="*20,"Python经典应用","="*20,"\n")
14  with open('message.txt','r') as file:     # 打开保存Python经典应用信息的文件
15      messageall = file.readlines()          # 读取全部信息
16      for message in messageall:
17          print(message)                     # 输出一条信息
18  print("\n","="*25,"over","="*25,"\n")
```

执行结果与图9.6相同。

9.5.2　存取CSV文件

CSV文件是文本文件的一种，该文件中每一行数据的多个元素是使用逗号进行分隔的。其实存取CSV文件时同样可以使用open()函数，不过我们有更好的办法，那就是使用pandas模块实现CSV文件的存取工作。

（1）CSV文件的存储

在实现CSV文件的存储工作时，pandas提供了to_csv()函数，该函数中的常用参数及含义如表9.4所示。

表9.4 to_csv()函数常用参数含义

参数名	描述
filepath_or_buffer	表示文件路径的字符串
sep	str类型，表示分隔符，默认为逗号","
na_rep	str类型，用于替换缺失值，默认为""（空）
float_format	str类型，指定浮点数据的格式，例如，'%.2f'表示保留两位小数
columns	表示指定写入哪列数据的列名，默认为None
header	表示是否写入数据中的列名。默认为False，表示不写入
index	表示是否将行索引写入文件，默认为True
mode	str类型，表示写入模式默认为"w"
encoding	str类型，表示写入文件的编码格式

例如，创建A、B、C三列数据，然后将数据写入CSV文件中，可以参考以下示例代码：

```
01  import pandas as pd              # 导入pandas
02  data ={'A':[1,2,3],'B':[4,5,6],'C':[7,8,9]}    # 创建三列数据
03  df = pd.DataFrame(data)          # 创建DataFrame对象
04  df.to_csv('test.csv')            # 存储为CSV文件
```

运行以上代码后，文件夹目录中将自动生成test.csv文件，在PyCharm中打开该文件将显示如图9.7所示的内容，通过Excel打开该文件将显示如图9.8所示的内容。

```
,A,B,C
0,1,4,7
1,2,5,8
2,3,6,9
```

图9.7　PyCharm打开文件所显示的内容　　　图9.8　Excel打开文件所显示的内容

说明　图9.8中第一列数据为默认生成的索引列，在写入数据时如果不需要默认的索引列，可以在to_csv()函数中设置index=False参数即可。

（2）CSV文件的读取

pandas提供了read_csv()函数用于CSV文件的读取工作。read_csv()函数中常用的参数及含义如表9.5所示。

表9.5　read_csv()函数常用参数含义

参数名	描述
filepath_or_buffer	表示文件路径的字符串
sep	str类型，表示分隔符，默认为逗号","
header	表示将哪一行数据作为列名

续表

参数名	描述
names	为读取后的数据设置列名，默认为None
index_col	通过列索引指定列的位置，默认为None
skiprows	int类型，需要跳过的行号，从文件内数据的开始处算起
skipfooter	int类型，需要跳过的行号，从文件内数据的末尾处算起
na_values	将指定的值设置为NaN
nrows	int类型，设置需要读取数据中的前n行数据
encoding	str类型，用于设置文本编码格式。例如，设置为"utf-8"表示用UTF-8编码
squeeze	设置为True，表示如果解析的数据只包含一列，则返回一个Series。默认为False
engine	表示数据解析的引擎，可以指定为c或python，默认为c

在实现简单地读取CSV文件时，直接调用pd.read_csv()函数，然后指定文件路径即可。示例代码如下：

```
01  import pandas as pd       # 导入pandas
02  data = pd.read_csv('test.csv')   # 读取CSV文件信息
03  print('读取的CSV文件内容为：\n',data)  # 打印读取的文件内容
```

程序运行结果如下：

```
读取的CSV文件内容为：
   Unnamed: 0  A  B  C
0           0  1  4  7
1           1  2  5  8
2           2  3  6  9
```

还可以将读取出来数据中的指定列写入到新的文件当中。示例代码如下：

```
01  import pandas as pd       # 导入pandas
02  data = pd.read_csv('test.csv')           # 读取CSV文件信息
03  # 将读取的信息中指定列，写入新的文件中
04  data.to_csv('new_test.csv',columns=['B','C'],index=False)
05  new_data = pd.read_csv('new_test.csv')  # 读取新写入的CSV文件信息
06  print('读取新的CSV文件内容为：\n',new_data)    # 打印新文件信息
```

程序运行结果如下：

```
读取新的CSV文件内容为：
   B  C
0  4  7
1  5  8
2  6  9
```

9.5.3 存取Excel文件

（1）Excel文件的存储

Excel文件是一个大家都比较熟悉的文件，该文件是常用于办公的表格文件，是微软公司推出办公软件中的一个组件。Excel文件的扩展名目前有两种，一种为.xls，另一种为.xlsx，其扩展名主要根据Microsoft Office办公软件的版本决定。

在实现Excel文件的写入工作时，通过DataFrame的数据对象直接调用to_excel()方法即可，参数含义与to_csv()方法类似。通过to_excel()方法向Excel文件内写入信息。示例代码如下：

```
01  import pandas as pd       # 导入pandas
02  data ={'A':[1,2,3],'B':[4,5,6],'C':[7,8,9]}    # 创建三列数据
03  df = pd.DataFrame(data)                         # 创建DataFrame对象
04  df.to_excel('test.xlsx')                        # 存储为Excel文件
```

（2）Excel文件的读取

pandas提供了read_excel()函数用于Excel文件的读取工作，该函数中常用的参数及含义如表9.6所示。

表9.6　read_excel()函数常用参数含义

参数名	描述
io	表示文件路径的字符串
sheet_name	表示指定Excel文件内的分表位置，返回多表可以使用sheet_name =[0,1]，默认为0
header	表示指定哪一行数据作为列名，默认为0
skiprows	int类型，需要跳过的行号，从文件内数据的开始处算起
skipfooter	int类型，需要跳过的行号，从文件内数据的末尾处算起
index_col	通过列索引指定列的位置，默认为None
names	指定列的名字

在没有特殊的要求下，读取Excel文件内容与读取CSV文件内容相同，直接调用pandas.read_excel()函数即可。示例代码如下：

```
01  import pandas as pd       # 导入pandas
02  # 读取Excel文件内容
03  data = pd.read_excel('test.xlsx')
04  print('读取的Excel文件内容为：\n', data)
```

9.6 MySQL 数据库的使用

关于MySQL的下载安装等内容，详见随书赠送的电子文档。

9.6.1 连接数据库

使用数据库的第一步是连接数据库。接下来使用PyMySQL连接数据库。由于PyMySQL也遵循Python Database API 2.0规范，所以操作MySQL数据库的方式与SQLite相似。我们可以通过类比的方式来学习。

实例 9.6 连接数据库

前面我们已经创建了一个MySQL连接"studyPython"，并且在安装数据库时设置了数据库的用户名"root"和密码"root"。下面就通过以上信息，使用connect()方法连接MySQL数据库，代码如下：

```
01  import pymysql
02
03  # 打开数据库连接，参数1：主机名或IP；参数2：用户名；参数3：密码；参数4：数据
    库名称
04  db = pymysql.connect(host="localhost", user="root", password="root",
    database="mrsoft")
05  # 使用cursor()方法创建一个游标对象cursor
06  cursor = db.cursor()
07  # 使用execute()方法执行SQL查询
08  cursor.execute("SELECT VERSION()")
09  # 使用fetchone()方法获取单条数据
10  data = cursor.fetchone()
11  print ("Database version : %s " % data)
12  # 关闭数据库连接
13  db.close()
```

上述代码中，首先使用connect()方法连接数据库，然后使用cursor()方法创建游标，接着使用execute()方法执行SQL语句查看MySQL数据库版本，再使用fetchone()方法获取数据，最后使用close()方法关闭数据库连接。运行结果如下：

```
Database version : 8.0.20
```

9.6.2 创建数据表

数据库连接成功以后，接下来就可以为数据库创建数据表了。创建数据表需要使用execute()方法，这里使用该方法创建一个books表，books表包含id（主键）、name（图书名称）、category（图书分类）、price（图书价格）和publish_time（出版时间）5个字段。创建books表的SQL语句如下：

```
01  CREATE TABLE books (
02    id int(8) NOT NULL AUTO_INCREMENT,
03    name varchar(50) NOT NULL,
04    category varchar(50) NOT NULL,
05    price decimal(10,2) DEFAULT NULL,
06    publish_time date DEFAULT NULL,
07    PRIMARY KEY (id)
08  ) ENGINE=MyISAM AUTO_INCREMENT=1 DEFAULT CHARSET=utf8;
```

在创建数据表前，使用如下语句实现当前数据表存在时先将其删除。

```
DROP TABLE IF EXISTS `books`;
```

实例9.7 创建数据表

如果mrsoft数据库中已经存在books，那么先删除books，然后再创建books数据表。具体代码如下：

```
01  import pymysql
02
03  # 打开数据库连接，参数1：主机名或IP；参数2：用户名；参数3：密码；参数4：数据库名称
04  db = pymysql.connect(host="localhost", user="root", password="root", database="mrsoft")
05  # 使用cursor()方法创建一个游标对象cursor
06  cursor = db.cursor()
07  # 使用预处理语句创建表
08  sql = """
09  CREATE TABLE books (
10  id int NOT NULL AUTO_INCREMENT,
11  name varchar(50) NOT NULL,
12  category varchar(50) NOT NULL,
13  price decimal(10,2) DEFAULT NULL,
```

```
14  publish_time date DEFAULT NULL,
15  PRIMARY KEY (id)
16  ) ENGINE=MyISAM AUTO_INCREMENT=1 DEFAULT CHARSET=utf8mb4;
17  """
18  # 执行SQL语句
19  cursor.execute(sql)
20  # 关闭数据库连接
21  db.close()
```

运行上述代码后，mrsoft数据库下会创建一个books表。打开Navicat（如果已经打开，按下F5键刷新），发现mrsoft数据库下多了一个books表，鼠标右键单击books，选择设计表，效果如图9.9所示。

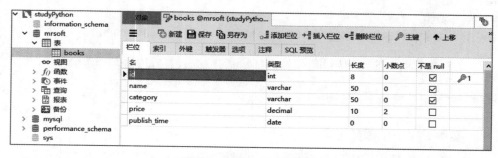

图9.9 创建books表效果

9.6.3 操作MySQL数据表

MySQL数据表的操作主要包括数据的增、删、改、查，与操作SQLite类似，我们使用executemany()方法向数据表中批量添加多条记录，executemany()方法格式如下：

executemany(operation, seq_of_params)

- ☑ operation：操作的SQL语句。
- ☑ seq_of_params：参数序列。

实例9.8 操作数据表

使用executemany()方法向数据表中批量添加多条记录的代码如下：

```
01  import pymysql
02
03  # 打开数据库连接,参数1:主机名或IP；参数2：用户名；参数3：密码；参数4：数据
```

库名称
```
04  db = pymysql.connect(host="localhost", user="root", password="root", database="mrsoft")
05  # 使用cursor()方法获取操作游标
06  cursor = db.cursor()
07  # 数据列表
08  data = [("零基础学Python",'Python','79.80','2018-5-20'),
09  ("Python从入门到精通",'Python','69.80','2018-6-18'),
10  ("零基础学PHP",'PHP','69.80','2017-5-21'),
11  ("PHP项目开发实战入门",'PHP','79.80','2016-5-21'),
12  ("零基础学Java",'Java','69.80','2017-5-21'),
13  ]
14  try:
15      # 执行SQL语句，插入多条数据
16      cursor.executemany("insert into books(name, category, price, publish_time) values (%s,%s,%s,%s)", data)
17      # 提交数据
18      db.commit()
19  except:
20      # 发生错误时回滚
21      db.rollback()
22
23  # 关闭数据库连接
24  db.close()
```

上述代码中，需要特别注意以下几点：
- 使用connect()方法连接数据库时，额外设置字符集"charset=utf-8"，可以防止插入中文时出错。
- 在使用insert语句插入数据时，使用"%s"作为占位符，可以防止SQL注入。

运行上述代码，在Navicat中查看books表数据，如图9.10所示。

图9.10　books表数据

本章知识思维导图

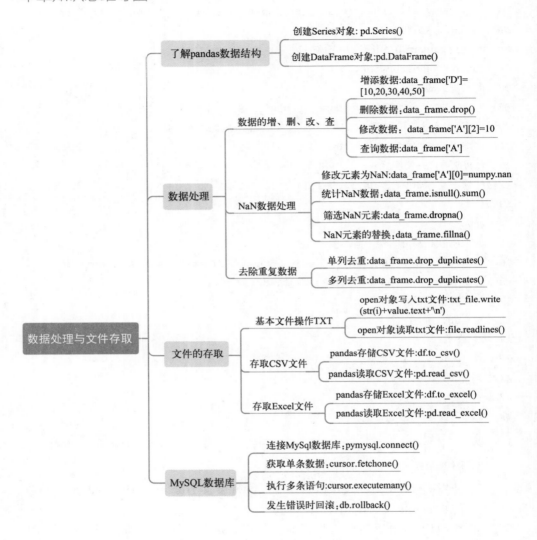

第4篇
技能进阶篇

第 10 章

爬取动态渲染的数据

> 本章学习目标
> ☑ 掌握如何爬取网页中动态渲染的数据
> ☑ 熟练掌握 Ajax 数据的爬取方式
> ☑ 熟悉掌握 selenium 框架的使用
> ☑ 熟悉 Splash 框架的应用

10.1 Ajax 数据的爬取

Ajax 的全称为"Asynchronous JavaScript and XML",可以说是"异步 JavaScript"与"XML"的组合。它是一门单独的编程语言,可以实现在页面不刷新、不更改页面链接的情况下与服务器交换数据并更新网页部分内容。

在实现爬取 Ajax 动态加载的数据信息时,首先需要在浏览器的网络监视器中,根据动态加载的技术选择网络请求的类型;然后通过逐个筛选的方式,查询预览信息中的关键数据并获取对应的请求地址;最后进行信息的解析工作。下面通过一个实例讲解 Ajax 数据的爬取过程。

实例 10.1 爬取微博话题榜

① 打开微博话题榜地址（https://weibo.com/newlogin?tabtype=topic&openLoginLayer=0&url=https%3A%2F%2Fweibo.com%2F）,按下快捷键 F12 打开 web 开发者工具,在工具中选择"Network",并在类型处选择"Fetch/XHR",最后按下快捷键 F5 刷新当前网页,操作步骤如图 10.1 所示。

② 依次单击每条网络请求,然后选择"Preview"查看每条网络请求所返回的数据,并找到具有与网页内容相同的数据。如图 10.2 所示。

③ 确认了网络请求所返回的数据以后,折叠"Preview"中的 json 数据,确认每次请求仅返回 10 组数据。如图 10.3 所示。

第 10 章 爬取动态渲染的数据

图 10.1 获取网页动态加载的请求地址

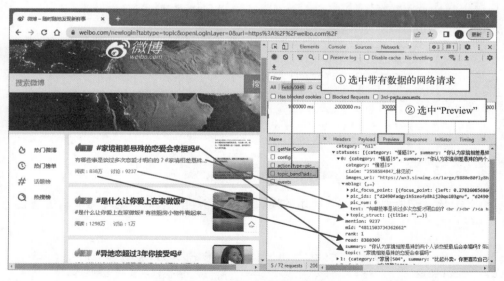

图 10.2 查看网络请求所返回的数据

第 4 篇 技能进阶篇

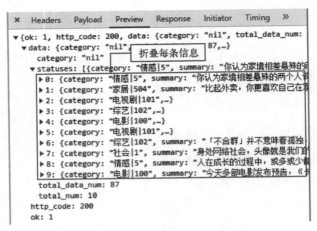

图10.3 确认每次请求仅返回10组数据

④ 选中当前网络请求，然后单击"Headers"获取网络请求地址。如图10.4所示。

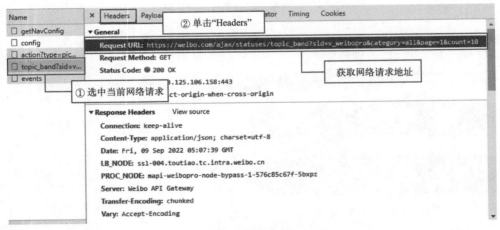

图10.4 获取网络请求地址

⑤ 导入爬虫程序所需要使用的模块，然后创建网络请求地址与请求头信息，代码如下：

```
01  from requests_html import HTMLSession     # 导入请求模块
02  import re                                  # 导入re模块，使用正则表达式
03  # 创建请求地址
04  url = 'https://weibo.com/ajax/statuses/topic_band?sid=v_weibopro&category=all&page=1&count=10'
```

```
05  # 创建请求头信息
06  header = {'User-Agent':'Mozilla/5.0 (Windows NT 10.0; Win64; x64)
AppleWebKit/537.36 (KHTML, like Gecko) Chrome/103.0.0.0 Safari/537.36'}
```

⑥ 创建用于发送网络请求的会话对象，然后发送get网络请求，如果请求成功就获取服务器返回的json数据，接着将json数据转换为字典（dict）类型，这样可以方便数据的提取，代码如下：

```
01  session = HTMLSession()              # 创建会话对象
02  response= session.get(url=url,headers=header)     # 发送网络请求
03  if response.status_code==200:                     # 判断如果请求成功
04      data_statuses=response.json()['data']['statuses'] # 将响应的json数
据转换成字典类型，方便数据提取
```

⑦ 获取到10条数据后，通过for循环遍历数据，然后分别获取每个话题的排名、标题、副标题、阅读量以及讨论数量。其中在获取副标题数据时，数据中会含有很多如"<a>"的网页标签，所以需要单独对副标题数据进行处理。代码如下：

```
01  print('微博话题榜：')
02  for i in range(10):                              # 每次请求，会返回10条数据，遍
历数据
03      rank = data_statuses[i]['rank']              # 获取排名
04      title = data_statuses[i]['topic']            # 获取话题标题
05      # 获取副标题
06      next_title = data_statuses[i]['mblog']['text']
07      # 因为副标题中有很多代码部分，所以需要处理一下
08      pattern = re.compile('<(.*?)>')  # 将<>中所有内容匹配到
09      next_title = re.sub(pattern, '',next_title)  # 将匹配到的内容替换成空
的，起到删除作用
10      read = data_statuses[i]['read']              # 获取阅读数量
11      mention = data_statuses[i]['mention']        # 获取讨论数量
12      print('------------------------我是分隔线------------------------')
13      print('排名第 ',rank,'：')
14      print('标题：',title)
15      print('副标题：',next_title)
16      print('阅读数量：',read)
17      print('讨论数量：',mention)
```

程序运行结果（部分）如图10.5所示。

```
微博话题榜：
——————————我是分隔线——————————
排名第 1：
标题：  家境相差悬殊的恋爱会幸福吗
副标题： 有哪些事是谈过多次恋爱才明白的? #家境相差悬殊的恋爱会幸福吗#
阅读数量： 8389531
讨论数量： 9238
——————————我是分隔线——————————
排名第 2：
标题：  是什么让你爱上在家做饭
副标题： #是什么让你爱上在家做饭# 有些厨房小物件看起来没什么，实际上对
阅读数量： 12995281
讨论数量： 10002
——————————我是分隔线——————————
```

图 10.5　爬取微博话题榜

10.2　使用 selenium 爬取动态加载的信息

本节将使用 selenium 实现动态渲染页面的爬取，selenium 是浏览器自动化测试框架，是一个用于 Web 应用程序测试的工具，可以直接运行在浏览器当中，并可以驱动浏览器执行指定的动作，如点击、下拉等操作，还可以获取浏览器当前页面的源代码，就像用户在浏览器中操作一样。该工具所支持的浏览器有 IE 浏览器、Mozilla Firefox 以及 Google Chrome 等。

10.2.1　安装 selenium 模块

首先打开 Anaconda Prompt(Anaconda)命令行窗口，然后输入 pip install selenium 命令（如果没有安装 Anaconda，可以在 cmd 命令行窗口中执行安装模块的命令），接着按下 Enter（回车）键将显示如图 10.6 所示的安装进度。

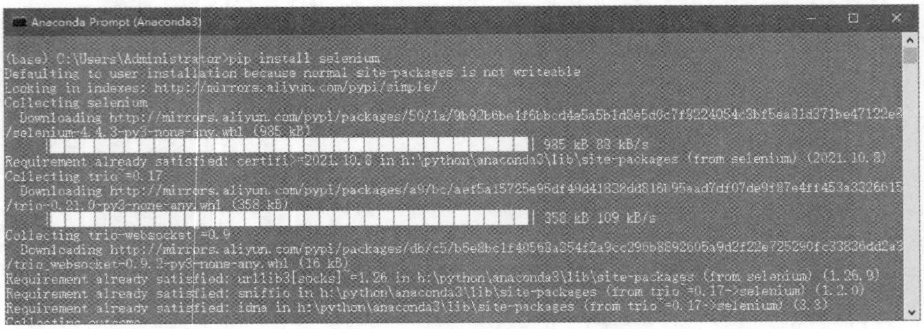

图 10.6　安装 selenium 模块

10.2.2　下载浏览器驱动

selenium 模块安装完成以后还需要选择一个浏览器，然后下载对应的浏览器

驱动，此时才可以通过selenium模块来控制浏览器的操作。这里以Google Chrome 105.0.5195.102（正式版本）（64 位）浏览器为例，然后在（http://chromedriver.storage.googleapis.com/index.html?path=105.0.5195.52/）谷歌浏览器驱动地址中下载105.0.5195.52（驱动版本号前3位与浏览器版本对应即可，如：105.0.5195）版本的浏览器驱动，如图10.7所示。

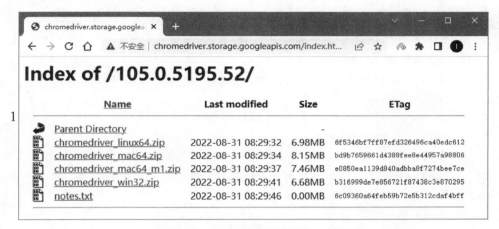

图10.7　下载谷歌浏览器驱动

> **说明**　在下载谷歌浏览器驱动时，需要根据自己电脑的系统版本下载对应的浏览器驱动。这里以 windows 系统为例，所以下载 chromedriver_win32.zip 即可。

10.2.3　selenium模块的使用

谷歌浏览器驱动下载完成后，将名称为chromedriver.exe的文件提取，保存在与python.exe文件同级路径当中即可，然后需要通过python代码进行谷歌浏览器驱动的加载，这样才可以启动浏览器驱动并控制浏览器。

实例10.2　获取京东商品信息

以获取京东某商品信息为例，代码如下：

```
01  from selenium import webdriver        # 导入浏览器驱动模块
02  from selenium.webdriver.support.wait import WebDriverWait   # 导入等待类
03  from selenium.webdriver.support import expected_conditions as EC  # 等待条件
04  from selenium.webdriver.common.by import By                 # 节点定位
05
06  try:
```

```
07    # 创建谷歌浏览器驱动参数对象
08    chrome_options = webdriver.ChromeOptions()
09    # 不加载图片
10    prefs = {"profile.managed_default_content_settings.images": 2}
11    chrome_options.add_experimental_option("prefs", prefs)
12    # 使用headless无界面浏览器模式
13    chrome_options.add_argument('--headless')
14    chrome_options.add_argument('--disable-gpu')
15    # 加载谷歌浏览器驱动
16    driver = webdriver.Chrome(options=chrome_options)
17    # 请求地址
18    driver.get('https://item.jd.com/12353915.html')
19    wait = WebDriverWait(driver,10)       # 等待10秒
20    # 等待页面加载class名称为itemInfo-wrap的节点,该节点中包含商品信息
21    wait.until(EC.presence_of_element_located((By.CLASS_NAME,"itemInfo-wrap")))
22    # 获取商品标题
23    name = driver.find_element(By.CSS_SELECTOR,'div.sku-name').text
24    # 获取商品宣传语
25    subtitle = driver.find_element(By.CSS_SELECTOR,'div#p-ad').text
26    # 获取编著信息
27    author = driver.find_element(By.CSS_SELECTOR,'div.p-author').text
28    # 获取价格信息
29    price = driver.find_element(By.CSS_SELECTOR, 'div.summary-price.J-summary-price').text
30    print('提取的商品标题如下:')
31    print(name)           # 打印商品标题
32    print('提取的商品宣传语如下:')
33    print(subtitle)       # 打印宣传语
34    print('提取的编著信息如下:')
35    print(author)         # 打印编著信息
36    print('提取的价格信息如下:')
37    print(price)          # 打印价格信息
38    driver.quit()   # 退出浏览器驱动
39 except Exception as e:
40    print('显示异常信息!', e)
```

程序运行结果如图10.8所示。

```
提取的商品标题如下:
零基础学Python（Python3.10全新升级）（基础入门 同步视频 技术答疑）
提取的商品宣传语如下:
Python3.10全新升级，彩色印刷，零基础入门，赠同步视频教程+数字电子书+源码+实物Python知识挂图+技术答疑等海量资源。
提取的编著信息如下:
明日科技 著
提取的价格信息如下:
京 东 价
￥ 73.80 [9.25折] [定价 ￥79.80] 降价通知
```

图 10.8　获取京东某商品信息

> **说明**　如需要获取符合条件的多个节点时，可以在对应方法中 element 后面添加 s 即可。By 类中提供了大量的定位属性，关于 By 的属性及用法可以参考表 10.1。

表 10.1　By 的属性及用法

By 属性	用　　法
By.ID	表示根据 id 值获取对应的单个或多个节点
By.LINK_TEXT	表示根据链接文本获取对应的单个或多个节点
By.PARTIAL_LINK_TEXT	表示根据部分链接文本获取对应的单个或多个节点
By.NAME	根据 name 值获取对应的单个或多个节点
By.TAG_NAME	根据节点名称获取单个或多个节点
By.CLASS_NAME	根据 class 值获取单个或多个节点
By.CSS_SELECTOR	根据 CSS 选择器获取单个或多个节点，对应的 value 为字符串 CSS 位置
By.XPATH	根据 XPATH 获取单个或多个节点，对应的 value 为字符串节点位置

在使用 selenium 获取某个节点中某个属性所对应的值时，可以使用 get_attribute() 方法来实现。示例代码如下：

```
01  # 根据XPATH定位获取指定节点中的href地址
02  href = driver.find_element(By.XPATH,'//*[@id="p-author"]/a[1]').get_attribute('href')
03  print('指定节点中的地址信息如下：')
04  print(href)
```

程序运行结果如图 10.9 所示。

```
指定节点中的地址信息如下：
https://book.jd.com/writer/%E6%98%8E%E6%97%A5%E7%A7%91%E6%8A%80_1.html
```

图 10.9　获取指定节点中的地址信息

10.3　Splash 的爬虫应用

Splash 是一个 JavaScript 渲染服务，它是一个带有 HTTP API 的轻型 Web 浏览器。Python可以通过HTTP API调用Splash中的一些方法实现对页面的渲染工作，同时它还可以使用Lua语言实现页面的渲染，所以使用Splash同样可以实现对动态渲染页面的爬取。

关于Splash环境搭建的相关内容，详见随书附赠的电子文档。

10.3.1 Splash中的HTTP API

Splash提供了API接口，可以实现Python与Splash之间的交互。Splash比较常用的API接口使用方法如下。

（1）render.html

通过该接口可以实现获取JavaScript渲染后的HTML代码，接口的请求地址如下：

http://localhost:8050/render.html。

实例10.3 获取百度首页图片链接

使用render.html接口是比较简单的，只要将接口地址设置为发送网络请求的主地址，然后将需要爬取的网页地址以参数的方式添加至网络请求中即可。以获取百度首页的图片链接为例，代码如下：

```
01  import requests              # 导入网络请求模块
02  from bs4 import BeautifulSoup     # 导入HTML解析模块
03  splash_url = 'http://localhost:8050/render.html'     # Splash的render.html接口地址
04  args = {'url':'https://www.baidu.com/'}              # 需要爬取的页面地址
05  response = requests.get(splash_url,args)             # 发送网络请求
06  response.encoding='utf-8'                            # 设置编码方式
07  bs = BeautifulSoup(response.text,"html.parser")      # 创建解析HTML代码的BeautifulSoup对象
08  # 获取百度首页logo图片的链接
09  img_url = 'https:'+bs.select('div[class="s-p-top"]')[0].select('img')[0].attrs['src']
10  print(img_url)                                       # 打印链接地址
```

程序运行结果如下：

https://www.baidu.com/img/bd_logo1.png

注意 如果在浏览器中使用 http://localhost:8050 无法访问 Splash 服务时，可以将 localhost 修改为 192.168.99.100 进行测试。

在没有使用render.html接口并直接对百度首页的网络地址发送网络请求时，将出现如图10.10所示的错误信息。那是因为百度首页中logo图片的链接地址是渲染后的结果，所以在没有经过Splash渲染的情况下是不能直接从HTML代码中提取该链接地址的。

```
Traceback (most recent call last):
  File "C:/Users/Administrator/Desktop/test/demo.py", line 13, in <module>
    img_url = 'https:'+bs.select('div[class="s-p-top"]')[0].select('img')[0].attrs['src']
IndexError: list index out of range
```

图10.10　获取不到渲染后的内容

在使用render.html接口时，除了可以使用简单的url参数以外，还有多种参数可以应用，比较常用的参数及含义如表10.2所示。

表10.2　render.html接口常用参数含义

参数名	描　　述
timeout	设置渲染页面超时的时间
proxy	设置代理服务的地址
wait	设置页面加载后等待更新的时间
images	设置是否下载图片，默认值为1，表示下载图片，值为0时表示不下载图片
js_source	设置用户自定义的JavaScript代码，在页面渲染前执行

> **说明**　关于 Splash API 接口中的其他参数可以参考官方文档，其地址为：

https://splash.readthedocs.io/en/stable/api.html。

（2）render.png

通过该接口可以实现获取目标网页的截图，接口的请求地址如下：

http://localhost:8050/render.png。

实例10.4　获取百度首页截图

该接口比上一个接口多了两个比较重要的参数，分别为"width"与"height"，使用这两个参数即可指定目标网页截图的宽度与高度。以获取百度首页截图为例，代码如下：

```
01  import requests                                      # 导入网络请求模块
02  splash_url = 'http://localhost:8050/render.png'      # Splash的render.
png接口地址
03  args = {'url':'https://www.baidu.com/','width':1280,'height':800} # 需
要爬取的页面地址
04  response = requests.get(splash_url,args)             # 发送网络请求
05  with open('baidu.png','wb') as f:                    # 调用open函数
```

第 4 篇 技能进阶篇

```
06    f.write(response.content)          # 将返回的二
进制数据保存成图片
```

运行以上示例代码，在当前目录下将自动生成名称为"baidu.png"的图片文件，打开该文件，如图 10.11 所示。

图 10.11　返回目标网页的截图

说明 Splash 还提供了一个 render.jpeg 的接口，该接口与 render.png 类似，只不过返回的是 JPEG 格式的二进制数据。

（3）render.json

通过该接口可以实现获取 JavaScript 渲染网页信息的 json，根据传递的参数，它可以包含 HTML、PNG 和其他信息。接口的请求地址如下：

http://localhost:8050/render.json。

实例 10.5　获取请求页面的 json 信息

在默认的情况下使用 render.json 接口，将返回请求地址、页面标题、页面尺寸的 json 信息。代码如下：

```
01  import requests    # 导入网络请求模块
02  splash_url = 'http://localhost:8050/render.json'    # Splash 的 render.json 接口地址
03  args = {'url':'https://www.baidu.com/'}             # 需要爬取的页面地址
```

```
04    response = requests.get(splash_url,args)           # 发送网络请求
05    print(response.json())                              # 打印返回的json信息
```

程序运行结果如下：

```
{'url': 'https://www.baidu.com/', 'requestedUrl': 'https://www.baidu.com/', 'geometry': [0, 0, 1024, 768], 'title': '百度一下，你就知道'}
```

10.3.2 执行lua自定义脚本

实例 10.6 获取百度渲染后的 HTML 代码

Splash 还提供了一个非常强大的 execute 接口，该接口可以实现在 Python 代码中执行 Lua 脚本。使用该接口就必须指定 lua_source 参数，该参数表示需要执行的 Lua 脚本，接着 Splash 执行完成以后将结果返回给 Python。以获取百度首页渲染后的 HTML 代码为例，示例代码如下：

```
01  import requests                     # 导入网络请求模块
02  from urllib.parse import quote      # 导入quote方法
03  # 自定义的lua脚本
04  lua_script = '''
05  function main(splash)
06      splash:go("https://www.baidu.com/")
07      splash:wait(0.5)
08      return splash:html()
09  end
10  '''
11  # Splash的execute接口地址
12  splash_url = 'http://localhost:8050/execute?lua_source='+ quote(lua_script)
13  # 定义headers信息
14  headers = {'User-Agent':'Mozilla/5.0 (Windows NT 10.0; WOW64) AppleWebKit/537.36 (KHTML, like Gecko) Chrome/80.0.3987.149 Safari/537.36'}
15  response = requests.get(splash_url,headers=headers)   # 发送网络请求
16  print(response.text)                                   # 打印渲染后的html代码
```

运行以上代码，将打印百度首页渲染后的 html 代码，执行结果如图 10.12 所示。

在 Splash 中使用 Lua 脚本可以执行一系列的渲染操作，这样便可以通过 Splash 模拟浏览器实现网页数据的提取工作。

```
<!DOCTYPE html><!--STATUS OK--><html><head><meta http-equiv="Content-Type"
content="text/html;charset=utf-8"><meta http-equiv="X-UA-Compatible"
content="IE=edge,chrome=1"><meta content="always" name="referrer"><meta
name="theme-color" content="#2932e1"><link rel="shortcut icon" href="/favicon
.ico" type="image/x-icon"><link rel="search"
type="application/opensearchdescription+xml" href="/content-search.xml"
title="百度搜索"><link rel="icon" sizes="any" mask="" href="//www.baidu
.com/img/baidu_85beaf5496f291521eb75ba38eacbd87.svg"><link rel="dns-prefetch"
 href="//dss0.bdstatic.com"><link rel="dns-prefetch" href="//dss1.bdstatic
.com"><link rel="dns-prefetch" href="//ss1.bdstatic.com"><link
rel="dns-prefetch" href="//sp0.baidu.com"><link rel="dns-prefetch"
href="//sp1.baidu.com"><link rel="dns-prefetch" href="//sp2.baidu
.com"><title>百度一下，你就知道</title><style type="text/css" id="css_index"
 index="index">body,html{height:100%}html{overflow-y:auto}body{font:12px
 arial;background:#fff}body,form,li,p,ul{margin:0;padding:0;
list-style:none}#fm,body,form{position:relative}td{text-align:left}img{border
:0}a{text-decoration:none}a:active{color:#f60}input{border:0;padding:0}
.clearfix:after{content:'\20';display:block;height:0;clear:both}
.clearfix{zoom:1}#wrapper{position:relative;
min-height:100%}#head{padding-bottom:100px;text-align:center
;*z-index:1}#ftCon{height:50px;position:absolute;text-align:left;width:100%;
margin:0 auto;z-index:0;overflow:hidden}#ftConw{display:inline-block;
text-align:left;margin-left:33px;line-height:22px;position:relative;top:-2px;
*float:right;*margin-left:0;*position:static}#ftConw,#ftConw
 a{color:#999}#ftConw{text-align:center;margin-left:0}.bg{background-image:url
```

图 10.12　百度首页渲染后的 html 代码

Lua 脚本中的语法是比较简单的，可以通过 splash: 的方式调用其内部的方法与属性，其中 function main(splash) 表示脚本入口，splash:go("https://www.baidu.com/") 表示调用 go() 方法访问百度首页（网络地址），splash:wait(0.5) 表示等待 0.5 秒，return splash:html() 表示返回渲染后的 html 代码，最后的 end 表示脚本结束。

Lua 脚本的常用属性与方法含义如表 10.3 所示。

表 10.3　Lua 脚本常用的属性与方法含义

属性与方法	描　述
splash.args 属性	获取加载时配置的参数，例如 url、GET 参数、POST 表单等
splash.js_enabled 属性	该属性默认为 true，表示可以执行 JavaScript 代码，设置为 false 表示禁止执行
splash.private_mode_enabled 属性	表示是否使用浏览器私有模式（隐身模式），true 表示启动，false 表示关闭
splash.resource_timeout 属性	设置网络请求的默认超时时间，以秒为单位
splash.images_enabled 属性	启用或禁用图像，true 表示启用，false 表示禁用
splash.plugins_enabled 属性	启用或禁用浏览器插件，true 表示启用，false 表示禁用
splash.scroll_position 属性	获取或设置当前滚动位置
splash:jsfunc() 方法	将 JavaScript 函数转换为可调用的 Lua，但 JavaScript 函数必须在一对双中括号内
splash:evaljs() 方法	执行一段 JavaScript 代码，并返回最后一条语句的结果
splash:runjs() 方法	仅执行 JavaScript 代码
splash:call_later() 方法	设置并执行定时任务
splash:http_get() 方法	发送 HTTP GET 请求并返回响应，而无需将结果加载到浏览器窗口
splash:http_post() 方法	发送 HTTP POST 请求并返回响应，而无需将结果加载到浏览器窗口

续表

属性与方法	描述
splash:get_cookies()方法	获取当前页面的cookies信息，结果以HAR Cookies格式返回
splash:add_cookie()方法	为当前页面添加cookie信息
splash:clear_cookies()方法	清除所有的cookies

说明　由于 Lua 脚本中的属性与方法较多，如果需要了解其他属性与方法可以参考官方 api 文档，其地址为 https://splash.readthedocs.io/en/stable/scripting-ref.html。

本章知识思维导图

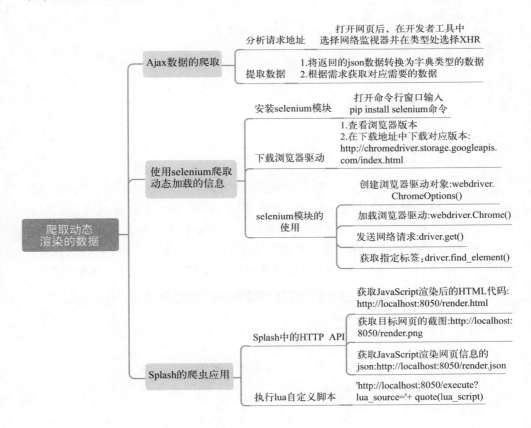

第 11 章

多线程爬虫

本章学习目标
- 了解多进程与多线程
- 熟练掌握如何创建多线程
- 熟悉线程间的通信方式
- 熟练掌握多线程爬虫的使用技巧

11.1 进程与线程

11.1.1 什么是进程

在了解进程之前，我们需要知道多任务的概念。多任务，顾名思义，就是指操作系统能够执行多个任务。例如，使用 Windows 或 Linux 操作系统可以同时看电影、聊天、查看网页等，此时，操作系统就是在执行多任务，而每一个任务就是一个进程。我们可以打开 Windows 的任务管理器，查看一下操作系统正在执行的进程，如图 11.1 所示。图 11.1 中显示的进程不仅包括应用程序（如腾讯QQ、

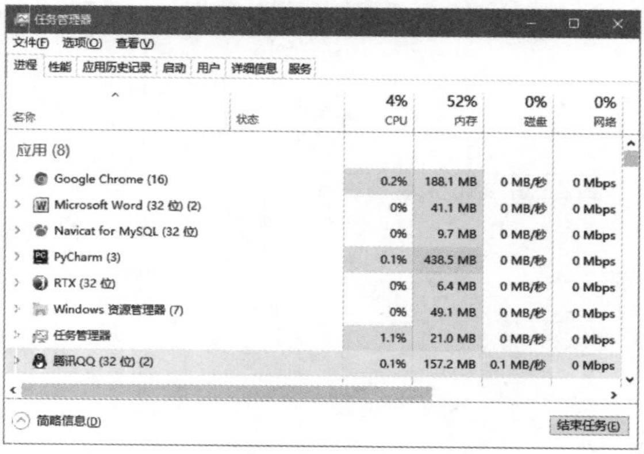

图 11.1 正在执行的进程

Google Chrome 浏览器等），还包括系统进程（如任务管理器）。

进程（process）是计算机中已运行程序的实体。进程与程序不同，程序本身只是指令、数据及其组织形式的描述，进程才是程序（那些指令和数据）的真正运行实例。例如，在没有打开QQ时，QQ只是程序。打开QQ后，操作系统就为QQ开启了一个进程。再打开一个QQ，则又开启了一个进程。如图11.2所示。

图11.2　开启多个进程

11.1.2　什么是线程

线程（thread）是操作系统能够进行运算调度的最小单位。它被包含在进程之中，是进程中的实际运作单位。一条线程指的是进程中一个单一顺序的控制流，一个进程中可以并发多个线程，每条线程并行执行不同的任务。例如，对于视频播放器，显示视频用一个线程，播放音频用另一个线程，只有2个线程同时工作，我们才能正常观看画面和声音同步的视频。

举个生活中的例子来更好地理解进程和线程的关系。进程就好比一列火车，而线程好比车厢。线程需要在进程下运行，就好比单独的车厢无法行驶一样。一个进程可以包含多个线程，就好比一列火车有多个车厢一样。

11.2　创建线程

由于线程是操作系统直接支持的执行单元，因此，高级语言（如Python、Java等）通常都内置多线程的支持。Python的标准库提供了两个模块：_thread和threading。_thread是低级模块；threading是高级模块，对_thread进行了封装。绝大多数情况下，我们只需要使用threading这个高级模块。

11.2.1　使用threading模块创建线程

threading模块提供了一个Thread类来代表一个线程对象，语法如下：

Thread([group [, target [, name [, args [, kwargs]]]]])

Thread类的参数说明如下：

- group：值为None，为以后版本而保留。
- target：表示一个可调用对象，线程启动时，run()方法将调用此对象，默认值为None，表示不调用任何内容。
- name：表示当前线程名称，默认创建一个"Thread-N"格式的唯一名称。
- args：表示传递给target函数的参数元组。
- kwargs：表示传递给target函数的参数字典。

实例 11.1 使用 threading 模块创建线程

下面，通过一个例子来学习一下如何使用threading模块创建线程。代码如下：

```
01  # -*- coding:utf-8 -*-
02  import threading,time
03
04  def process():
05      for i in range(3):
06          time.sleep(1)
07          print("thread name is %s" % threading.current_thread().name)
08
09  if __name__ == '__main__':
10      print("-----主线程开始-----")
11      # 创建4个线程，存入列表
12      threads = [threading.Thread(target=process) for i in range(4)]
13      for t in threads:
14          t.start()        # 开启线程
15      for t in threads:
16          t.join()         # 等待子线程结束
17      print("-----主线程结束-----")
```

上述代码中，创建了4个线程，然后分别用for循环执行4次start()和join()方法。每个子线程分别执行输出3次。运行结果如图11.3所示。

注意 从图11.3中可以看出，线程的执行顺序是不确定的。

11.2.2 使用Thread子类创建线程

Thread线程类也可以通过定义一个继承Thread线程类的子类，来创建线程。下面通过一个示例学习一下使用Thread子类创建线程的方式。

```
-----主线程开始-----
thread name is Thread-3
thread name is Thread-1
thread name is Thread-2
thread name is Thread-4
thread name is Thread-2
thread name is Thread-1
thread name is Thread-3
thread name is Thread-4
thread name is Thread-2
thread name is Thread-3
thread name is Thread-1
thread name is Thread-4
-----主线程结束-----
```

图 11.3 创建多线程

实例 11.2 使用 Thread 子类创建线程

创建一个继承threading.Thread线程类的子类SubThread，并定义一个run()方

法。实例化SubThread类创建2个线程，并且调用start()方法开启线程，会自动调用run()方法。代码如下：

```
01  # -*- coding: utf-8 -*-
02  import threading
03  import time
04  class SubThread(threading.Thread):
05      def run(self):
06          for i in range(3):
07              time.sleep(1)
08              msg = "子线程"+self.name+'执行，i='+str(i)  #name属性中保存的是当前线程的名字
09              print(msg)
10  if __name__ == '__main__':
11      print('-----主线程开始-----')
12      t1 = SubThread()        # 创建子线程t1
13      t2 = SubThread()        # 创建子线程t2
14      t1.start()              # 启动子线程t1
15      t2.start()              # 启动子线程t2
16      t1.join()               # 等待子线程t1
17      t2.join()               # 等待子线程t2
18      print('-----主线程结束-----')
```

运行结果如图11.4所示。

```
-----主线程开始-----
子线程Thread-1执行，i=0
子线程Thread-2执行，i=0
子线程Thread-1执行，i=1
子线程Thread-2执行，i=1
子线程Thread-1执行，i=2
子线程Thread-2执行，i=2
-----主线程结束-----
```

图11.4　使用Thread子类创建线程

11.3　线程间通信

（实例11.3） 验证一下线程之间是否可以共享信息

下面我们通过一个例子来验证一下线程之间是否可以共享信息。定义一个全局变量g_num，分别创建2个子线程对g_num执行不同的操作，并输出操作后的结果。代码如下：

```
01  # -*- coding:utf-8 -*-
02  from threading import Thread
03  import time
04
05  def plus():
06      print('-------子线程1开始------')
07      global g_num
08      g_num += 50
09      print('g_num is %d'%g_num)
10      print('-------子线程1结束------')
11
12  def minus():
13      time.sleep(1)
14      print('-------子线程2开始------')
15      global g_num
16      g_num -= 50
17      print('g_num is %d'%g_num)
18      print('-------子线程2结束------')
19
20  g_num = 100 # 定义一个全局变量
21  if __name__ == '__main__':
22      print('-------主线程开始------')
23      print('g_num is %d'%g_num)
24      t1 = Thread(target=plus)      # 实例化线程t1
25      t2 = Thread(target=minus)     # 实例化线程t2
26      t1.start()                    # 开启线程t1
27      t2.start()                    # 开启线程t2
28      t1.join()                     # 等待t1线程结束
29      t2.join()                     # 等待t2线程结束
30      print('-------主线程结束------')
```

图 11.5 检测线程数据是否共享

上述代码中,定义一个全局变量g_num,赋值为100。然后创建2个线程:一个线程将g_num增加50,一个线程将g_num减少50。如果g_num最终结果为100,则说明线程之间可以共享数据。运行结果如图11.5所示。

从上面的例子可以得出,在一个进程内的所有线程共享全局变量,能够在不使用其他方式的前提下完成多线程之间的数据共享。

11.3.1 什么是互斥锁

由于线程可以对全局变量随意修改,这就可能造成多线程之间对全局变量的混乱。依然以房子为例，当房子内只有一个居住者时（单线程），他可以任意时刻使用任意一个房间，如厨房、卧室和卫生间等。但是，当这个房子有多个居住者时（多线程），他就不能在任意时刻使用某些房间，如卫生间，否则就会造成混乱。

如何解决这个问题呢？一个防止他人进入的简单方法，就是门上加一把锁。先到的人锁上门，后到的人就在门口排队，等锁打开再进去。如图11.6所示。

图11.6　互斥锁示意图

这就是"互斥锁"（mutual exclusion，缩写为mutex），防止多个线程同时读写某一块内存区域。互斥锁为资源引入一个状态：锁定和非锁定。某个线程要更改共享数据时，先将其锁定，此时资源的状态为"锁定"，其他线程不能更改；直到该线程释放资源，将资源的状态变成"非锁定"，其他的线程才能再次锁定该资源。互斥锁保证了每次只有一个线程进行写入操作，从而保证了多线程情况下数据的正确性。

11.3.2　使用互斥锁

在threading模块中使用Lock类可以方便处理锁定。Lock类有2个方法：acquire()锁定和release()释放锁。示例用法如下：

```
mutex = threading.Lock()          #创建锁
mutex.acquire([blocking])         #锁定
mutex.release()                   #释放锁
```

语法如下：

- ☑ acquire([blocking])：获取锁定，必要时需要阻塞到锁定释放为止。如果提供blocking参数并将它设置为False，当无法获取锁定时将立即返回False，如果成功获取锁定则返回True。
- ☑ release()：释放一个锁定。当锁定处于未锁定状态时，或者从与原本调用了acquire()方法的不同线程调用此方法，将出现错误。

下面通过一个示例学习一下如何使用互斥锁。

实例11.4　使用多线程的互斥锁

这里使用多线程和互斥锁模拟实现多人同时订购电影票的功能，假设电影院某个场次只有100张电影票，10个用户同时抢购该电影票。每售出一张，显示一次剩余电影票张数。代码如下：

```
01  from threading import Thread,Lock
02  import time
03  n=100 # 共100张票
04
05  def task():
06      global n
07      mutex.acquire()              # 上锁
08      temp=n                       # 赋值给临时变量
09      time.sleep(0.1)              # 休眠0.1秒
10      n=temp-1                     # 数量减1
11      print('购买成功,剩余%d张电影票'%n)
12      mutex.release()              # 释放锁
13
14  if __name__ == '__main__':
15      mutex=Lock()                 # 实例化Lock类
16      t_l=[]                       # 初始化一个列表
17      for i in range(10):
18          t=Thread(target=task)    # 实例化线程类
19          t_l.append(t)            # 将线程实例存入列表中
20          t.start()                # 创建线程
21      for t in t_l:
22          t.join()                 # 等待子线程结束
```

上述代码中,创建了10个线程,全部执行task()函数。为解决资源竞争问题,使用mutex.acquire()函数实现资源锁定,第一个获取资源的线程锁定后,其他线程等待mutex.release()解锁。所以每次只有一个线程执行task()函数。运行结果如图11.7所示。

```
购买成功,剩余99张电影票
购买成功,剩余98张电影票
购买成功,剩余97张电影票
购买成功,剩余96张电影票
购买成功,剩余95张电影票
购买成功,剩余94张电影票
购买成功,剩余93张电影票
购买成功,剩余92张电影票
购买成功,剩余91张电影票
购买成功,剩余90张电影票
```

图11.7 模拟购票功能

> **注意** 使用互斥锁时,要避免死锁。在多任务系统下,当一个或多个线程等待系统资源,而资源又被线程本身或其他线程占用时,就形成了死锁,如图11.8所示。

11.3.3 使用队列在线程间通信

multiprocessing模块的Queue队列可以实现线程间通信。使用Queue在线程间通信通常应用于生产者消费者模式。产生数据的模块称为生产者,而处理数据的模块称为消费者。在生产者与消费者之间的缓冲区称之为仓库。生产者负责往仓库运输商品,而消费者负责从仓库里取出商品,这就构成了生产者消费者模式。下面通过一个示例学习一下使用Queue在线程间通信。

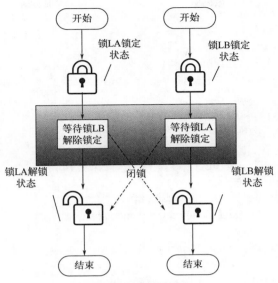

图 11.8 死锁示意图

实例 11.5 使用队列在线程间通信

定义一个生产者类 Producet，定义一个消费者类 Consumer。生产者（对应程序及运行结果图中为生成者）生成 5 件产品，依次写入队列，而消费者依次从队列中取出产品，代码如下：

```
01  from queue import Queue
02  import random,threading,time
03
04  # 生产者类
05  class Producer(threading.Thread):
06      def __init__(self, name,queue):
07          threading.Thread.__init__(self, name=name)
08          self.data=queue
09      def run(self):
10          for i in range(5):
11              print("生成者%s将产品%d加入队列!" % (self.getName(), i))
12              self.data.put(i)
13              time.sleep(random.random())
14          print("生成者%s完成!" % self.getName())
15
16  # 消费者类
17  class Consumer(threading.Thread):
18      def __init__(self,name,queue):
19          threading.Thread.__init__(self,name=name)
```

```
20            self.data=queue
21     def run(self):
22         for i in range(5):
23             val = self.data.get()
24             print("消费者%s将产品%d从队列中取出！" % (self.getName(),val))
25             time.sleep(random.random())
26         print("消费者%s完成！" % self.getName())
27
28 if __name__ == '__main__':
29     print('-----主线程开始-----')
30     queue = Queue()            # 实例化队列
31     producer = Producer('Producer',queue)   # 实例化线程Producer，并传入队列作为参数
32     consumer = Consumer('Consumer',queue)   # 实例化线程Consumer，并传入队列作为参数
33     producer.start()      # 启动线程Producer
34     consumer.start()      # 启动线程Consumer
35     producer.join()       # 等待线程Producer结束
36     consumer.join()       # 等待线程Consumer结束
37     print('-----主线程结束-----')
```

运行结果如图11.9所示。

```
-----主线程开始-----
生成者Producer将产品0加入队列！
消费者Consumer将产品0从队列中取出！
生成者Producer将产品1加入队列！
消费者Consumer将产品1从队列中取出！
生成者Producer将产品2加入队列！
消费者Consumer将产品2从队列中取出！
生成者Producer将产品3加入队列！
消费者Consumer将产品3从队列中取出！
生成者Producer将产品4加入队列！
消费者Consumer将产品4从队列中取出！
生成者Producer完成！
消费者Consumer完成！
-----主线程结束-----
```

图 11.9 使用 Queue 在线程间通信

注意 由于程序中使用了 random.random() 生成 0～1 之间的随机数，读者运行结果可能与图 11.9 不同。

11.4 多线程爬虫

多线程爬虫，就是通过多线程的方式爬取网页中的数据，实现比单线程爬虫

速度更快的效果，用于节省爬虫爬取数据的时间。以爬取某网站中的高清壁纸为例，实现多线程爬虫的具体步骤如下。

实例 11.6　多线程爬虫

（1）爬取壁纸的详情页地址

① 打开高清壁纸的网页（https://desk.3gbizhi.com/deskQC/），然后在当前网页的底部切换下一页，对比两个主页地址的翻页规律。如图11.10与图11.11所示。

图 11.10　主页 1 地址

图 11.11　主页 2 地址

说明　根据以上方式将主页切换至第 3 页，此时可以确定主页地址翻页规律如下：

```
https://desk.3gbizhi.com/deskQC/                    # 主页1地址
https://desk.3gbizhi.com/deskQC/index_2.html        # 主页2地址
https://desk.3gbizhi.com/deskQC/index_3.html        # 主页3地址
```

② 将主页1地址修改为"https://desk.3gbizhi.com/deskQC/index_1.html",测试主页1是否正常显示与图11.10相同的内容,如果网页内容相同,即可通过切换网页地址后面的index_1(页码数字)实现主页的翻页功能。

③ 在任何一个主页中,按快捷键F12打开浏览器开发者工具,然后选择"Elementts"选项,接着单击左上上角 按钮,再选择主页中某个壁纸,获取壁纸详情页的链接地址,如图11.12所示。

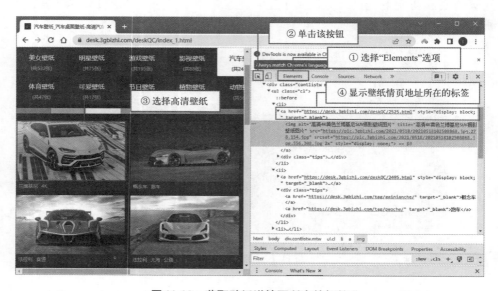

图11.12 获取壁纸详情页所在的标签

④ 确定壁纸详情页所在的标签位置后,接下来编写爬取每页所有壁纸的详情页地址,首先需要导入当前爬虫所需要的所有模块,然后创建get_info_urls()方法,在该方法中对主页发送网络请求,然后提取所有壁纸的详情页地址并保存至列表当中。代码如下:

```
01  import threading                              # 导入多线程模块
02  import requests                               # 网络请求模块
03  from bs4 import BeautifulSoup                 # 导入BeautifulSoup模块
04  from fake_useragent import UserAgent          # 导入请求头模块
05  import os                                     # 导入os模块
06
07  def get_info_urls(url):                       # 获取每页壁纸所有详情页的url
08      info_urls = []                            # 保存每页所有壁纸的详情页地址
09      try:
10          header = UserAgent().random           # 创建随机请求头
```

```
11          # 发送网络请求
12          response = requests.get(url,header)
13          if response.status_code==200:
14              # 创建一个BeautifulSoup对象，解析HTML代码
15              soup = BeautifulSoup(response.text, features="lxml")
16              # 获取所有汽车壁纸的ul标签中的所有li标签
17              li_all = soup.select('ul.cl')[1].find_all('li')
18              for li in li_all:                              # 遍历所有的li标签
19                  info_urls.append(li.find('a')['href'])     # 将每一个详情页地址添加至列表中
20              return info_urls                               # 返回每页的所有详情页url
21      except Exception as e:
22          print('get_info_urls:请求失败！')
23          print('get_info_urls异常原因:',e)
```

(2) 爬取下载地址

详情页中的壁纸并不是高清壁纸，想要下载到高清的壁纸就需要找到对应的下载地址。经过分析，高清壁纸的下载地址隐藏在如图11.13所示的标签中。

图11.13　获取高清壁纸的下载地址

确定高清壁纸的标签位置后，接下来需要编写爬取所有高清壁纸的下载地址，首先需要创建get_hd_urls()方法，在该方法中遍历保存壁纸详情页的列表数

据，然后向每个壁纸的详情页发送网络请求，接着提取每个壁纸对应的下载地址并保存至新的列表中。代码如下：

```
01  def get_hd_urls(page):
02      hd_urls = []              # 保存高清地址的列表
03      info_urls=get_info_urls('https://desk.3gbizhi.com/deskQC/index_{page}.html'.format(page=page))
04      for info_url in info_urls:
05          try:
06              header = UserAgent().random   # 创建随机请求头
07              response = requests.get(info_url,header)
08              if response.status_code==200:
09                  # 创建一个BeautifulSoup对象，解析HTML代码
10                  soup = BeautifulSoup(response.text, features="lxml")
11                  # 获取高清图片的url
12                  hd_url = soup.select('div.morew a')[0].attrs['href']
13                  hd_urls.append(hd_url)           # 将高清图片url添加至列表中
14
15          except Exception as e:
16              print('get_hd_urls:请求失败！')
17              print('get_hd_urls异常原因:',e)
18      return hd_urls       # 返回每页所有高清图片的url
```

（3）下载高清壁纸

如果已经获取到了高清壁纸的下载地址，接下来就需要编写下载高清壁纸的方法了。首先创建save_img()方法，在该方法中需要对下载壁纸的网络地址发送网络请求，然后将图片保存在指定的目录下。代码如下：

```
01  def save_img(img_number,pic_url):
02      try:
03          header = UserAgent().random   # 创建随机请求头
04          # 发送网络请求，准备下载图片
05          pic_response = requests.get(pic_url,header)
06          if not os.path.exists('pic'):   # 判断pic文件夹是否存在
07              os.mkdir('pic')     # 创建pic文件夹
08          with open('pic/' + str(img_number) + '.jpg', 'wb') as f:
09              f.write(pic_response.content)    # 写入二进制数据，下载图片
```

```
10              print('图片：', img_number, '下载完成了！')
11      except Exception as e:
12          print('save_img:请求失败！')
13          print('save_img异常原因:',e)
```

创建程序入口，首先调用get_hd_urls()方法获取所有壁纸的下载地址，然后根据下载地址的数量创建线程，最后启动每个线程进行壁纸的下载。代码如下：

```
01  if __name__ == '__main__':           # 创建程序入口
02      hd_urls = get_hd_urls(1)          # 获取1页的高清图片url
03      thread_list = []                  # 保存线程的列表
04      for index,url in enumerate(hd_urls):
05          t = threading.Thread(target=save_img,args=(str(index+1),url))
06          thread_list.append(t)          # 将线程添加至列表当中
07      for t in thread_list:              # 遍历线程
08          t.start()                      # 启动每个线程
09      for t in thread_list:              # 遍历线程
10          t.join()                       # 让主线程等待子线程任务结束后退出
```

程序运行后，控制台中将显示如图11.14所示的提示信息。当所有壁纸下载完成后，可以在项目当前路径下的pic文件夹中查看已经下载好的高清壁纸，如图11.15所示。

图 11.14　提示信息　　　　图 11.15　已经下载的高清壁纸

第4篇 技能进阶篇

本章知识思维导图

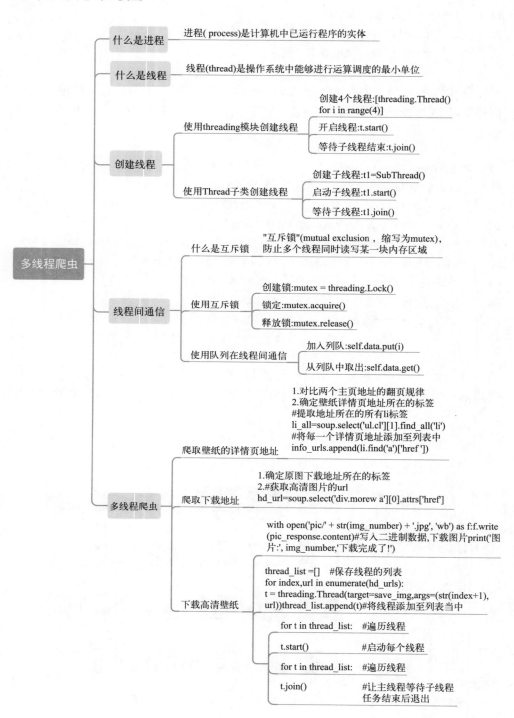

第 12 章

多进程爬虫

本章学习目标
- 掌握如何创建进程
- 熟练掌握多种创建进程的方法
- 熟悉进程间的通信
- 掌握如何使用多进程编写爬虫

12.1 创建进程

在 Python 中有多个模块可以创建进程，比较常用的有 os.fork() 函数、multiprocessing 模块和 Pool 进程池。由于 os.fork() 函数只适用于 Unix/Linux/Mac 系统上运行，在 Windows 操作系统中不可用，所以本章重点介绍 multiprocessing 模块和 Pool 进程池这 2 个跨平台模块。

12.1.1 使用 multiprocessing 模块创建进程

multiprocessing 模块提供了一个 Process 类来代表一个进程对象，语法如下：

```
Process([group [, target [, name [, args [, kwargs]]]]])
```

Process 类的参数说明如下：
- group：参数未使用，值始终为 None。
- target：表示当前进程启动时执行的可调用对象。
- name：为当前进程实例的别名。
- args：表示传递给 target 函数的参数元组。
- kwargs：表示传递给 target 函数的参数字典。

例如，实例化 Process 类，执行子进程，代码如下：

```
01  from multiprocessing import Process      # 导入模块
02
```

```
03  # 执行子进程代码
04  def test(interval):
05      print('我是子进程')
06  # 执行主程序
07  def main():
08      print('主进程开始')
09      p = Process(target=test,args=(1,))   # 实例化Process进程类
10      p.start()                            # 启动子进程
11      print('主进程结束')
12
13  if __name__ == '__main__':
14      main()
```

运行结果如下所示。

```
主进程开始
主进程结束
我是子进程
```

注意 在使用 IDLE 运行上述代码时,不会输出子进程内容,所以使用命令行方式运行 Python 代码,即在命令行窗口中,切换到文件目录下,用"python + 文件名"命令实现,如图 12.1 所示。

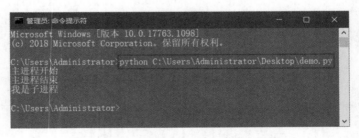

图 12.1　使用命令行运行 Python 文件

上述代码中,先实例化 Process 类,然后使用 p.start() 方法启动子进程,开始执行 test() 函数。Process 的实例 p 常用的方法除 start() 外,还有如下常用方法:

- is_alive():判断进程实例是否还在执行。
- join([timeout]):是否等待进程实例执行结束,或等待多少秒。
- start():启动进程实例(创建子进程)。
- run():如果没有给定 target 参数,对这个对象调用 start() 方法时,就将执行对象中的 run() 方法。
- terminate():不管任务是否完成,立即终止。

Process 类还有如下常用属性：

- ☑ name：当前进程实例别名，默认为 Process-N，N 为从 1 开始递增的整数。
- ☑ pid：当前进程实例的 PID 值。

实例 12.1 演示 Procss 类的方法和属性的使用

下面通过一个简单例子演示 Procss 类的方法和属性的使用，创建 2 个子进程，分别使用 os 模块和 time 模块输出父进程和子进程的 ID 以及子进程的时间，并调用 Process 类的 name 和 pid 属性，代码如下：

```
01  # -*- coding:utf-8 -*-
02  from multiprocessing import Process
03  import time
04  import os
05
06  #两个子进程将会调用的两个方法
07  def child_1(interval):
08      print("子进程（%s）开始执行，父进程为（%s）" % (os.getpid(),os.getppid()))
09      t_start = time.time()      # 计时开始
10      time.sleep(interval)       # 程序将会被挂起interval秒
11      t_end = time.time()        # 计时结束
12      print("子进程（%s）执行时间为'%0.2f'秒"%(os.getpid(),t_end - t_start))
13
14  def child_2(interval):
15      print("子进程（%s）开始执行，父进程为（%s）" % (os.getpid(),os.getppid()))
16      t_start = time.time()      # 计时开始
17      time.sleep(interval)       # 程序将会被挂起interval秒
18      t_end = time.time()        # 计时结束
19      print("子进程（%s）执行时间为'%0.2f'秒"%(os.getpid(),t_end - t_start))
20
21  if __name__ == '__main__':
22      print("------父进程开始执行-------")
23      print("父进程PID: %s" % os.getpid())              # 输出当前程序的PID
24      p1=Process(target=child_1,args=(1,))              # 实例化进程p1
25      p2=Process(target=child_2,name="mrsoft",args=(2,))  # 实例化进程p2
26      p1.start()   # 启动进程p1
27      p2.start()   # 启动进程p2
```

```
28      #同时父进程仍然往下执行,如果p2进程还在执行,将会返回True
29      print("p1.is_alive=%s"%p1.is_alive())
30      print("p2.is_alive=%s"%p2.is_alive())
31      #输出p1和p2进程的别名和PID
32      print("p1.name=%s"%p1.name)
33      print("p1.pid=%s"%p1.pid)
34      print("p2.name=%s"%p2.name)
35      print("p2.pid=%s"%p2.pid)
36      print("------等待子进程-------")
37      p1.join()  # 等待p1进程结束
38      p2.join()  # 等待p2进程结束
39      print("------父进程执行结束-------")
```

上述代码中,第一次实例化Process类时,会为name属性默认赋值为"Process-1",第二次则默认为"Process-2",但是由于在实例化进程p2时,设置了name属性为"mrsoft",所以p2.name的值为"mrsoft"而不是"Process-2"。程序运行流程示意图如图12.2所示,运行结果如图12.3所示。

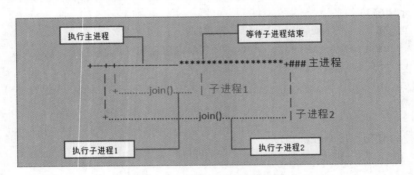

图12.2　程序运行流程示意图

```
------父进程开始执行-------
父进程PID：13372
p1.is_alive=True
p2.is_alive=True
p1.name=Process-1
p1.pid=13580
p2.name=mrsoft
p2.pid=13272
------等待子进程-------
子进程（13580）开始执行,父进程为（13372）
子进程（13272）开始执行,父进程为（13372）
子进程（13580）执行时间为'1.00'秒
子进程（13272）执行时间为'2.00'秒
------父进程执行结束-------
```

图12.3　创建2个子进程

> **注意** 读者运行时进程的 PID 值会与图 12.3 不同。

12.1.2 使用 Process 子类创建进程

对于一些简单的小任务，通常使用 Process(target=test) 方式实现多进程。但是如果要处理复杂任务的进程，通常定义一个类，使其继承 Process 类，每次实例化这个类的时候，就等同于实例化一个进程对象。下面通过一个实例来学习一下如何通过 Process 子类创建多个进程。

实例 12.2 使用 Process 子类创建多个进程

使用 Process 子类方式创建 2 个子进程，分别输出父、子进程的 PID，以及每个子进程的状态和运行时间，代码如下：

```
01  # -*- coding:utf-8 -*-
02  from multiprocessing import Process
03  import time
04  import os
05
06  #继承Process类
07  class SubProcess(Process):
08      # 由于Process类本身也有__init__初识化方法，这个子类相当于重写了父类的这个方法
09      def __init__(self,interval,name=''):
10          Process.__init__(self)         # 调用Process父类的初始化方法
11          self.interval = interval       # 接收参数interval
12          if name:                       # 判断传递的参数name是否存在
13              self.name = name           # 如果传递参数name,则为子进程创建name属性,否则使用默认属性
14      #重写了Process类的run()方法
15      def run(self):
16          print("子进程(%s) 开始执行, 父进程为（%s）"%(os.getpid(),os.getppid()))
17          t_start = time.time()
18          time.sleep(self.interval)
19          t_stop = time.time()
20          print("子进程(%s) 执行结束, 耗时%0.2f秒"%(os.getpid(),t_stop-t_start))
21
22  if __name__=="__main__":
```

```
23      print("------父进程开始执行-------")
24      print("父进程PID: %s" % os.getpid())        # 输出当前程序的ID
25      p1 = SubProcess(interval=1,name='mrsoft')
26      p2 = SubProcess(interval=2)
27      #对一个不包含target属性的Process类执行start()方法,就会运行这个类中的
28      #run()方法,所以这里会执行p1.run()
29      p1.start()   # 启动进程p1
30      p2.start()   # 启动进程p2
31      # 输出p1和p2进程的执行状态,如果真正进行,返回True,否则返回False
32      print("p1.is_alive=%s"%p1.is_alive())
33      print("p2.is_alive=%s"%p2.is_alive())
34      #输出p1和p2进程的别名和PID
35      print("p1.name=%s"%p1.name)
36      print("p1.pid=%s"%p1.pid)
37      print("p2.name=%s"%p2.name)
38      print("p2.pid=%s"%p2.pid)
39      print("------等待子进程-------")
40      p1.join() # 等待p1进程结束
41      p2.join() # 等待p2进程结束
42      print("------父进程执行结束-------")
```

上述代码中,定义了一个SubProcess子类,继承multiprocess.Process父类。SubProcess子类中定义了2个方法:__init__()初始化方法和run()方法。在__init__()初识化方法中,调用multiprocess.Process父类的__init__()初始化方法,否则父类初始化方法会被覆盖,无法开启进程。此外,在SubProcess子类中并没有定义start()方法,但在主进程中却调用了start()方法,此时就会自动执行SubProcess类的run()方法。运行结果如图12.4所示。

```
------父进程开始执行-------
父进程PID: 14240
p1.is_alive=True
p2.is_alive=True
p1.name=mrsoft
p1.pid=12428
p2.name=SubProcess-2
p2.pid=11500
------等待子进程-------
子进程(12428) 开始执行,父进程为(14240)
子进程(11500) 开始执行,父进程为(14240)
子进程(12428)执行结束,耗时1.00秒
子进程(11500)执行结束,耗时2.00秒
------父进程执行结束-------
```

图12.4 使用Process子类创建进程

12.1.3 使用进程池Pool创建进程

在12.1.1节和12.1.2节中,我们使用Process类创建了2个进程。如果要创建几十个或者上百个进程,则需要实例化更多个Process类。有没有更好的创建进

程的方式解决这类问题呢？答案就是使用multiprocessing模块提供的Pool类，即Pool进程池。

为了更好地理解进程池，可以将进程池比作水池，如图12.5所示。我们需要完成将10个水盆装满水的任务，而在这个水池中，最多可以安放3个水盆接水，也就是同时可以执行3个任务，即开启3个进程。为更快地完成任务，现在打开3个水龙头开始放水，当有一个水盆的水接满时，即该进程完成1个任务，我们就将这个水盆的水倒入水桶中，然后继续接水，即执行下一个任务。如果3个水盆每次同时装满水，那么在放满第9盆水后，系统会随机分配1个水盆接水，另外2个水盆空闲。

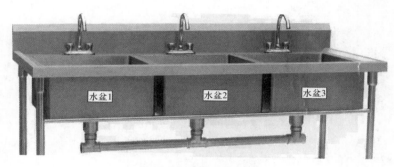

图12.5　进程池示意图

接下来，了解一下Pool类的常用方法。常用方法及说明如下：

☑ apply_async(func[, args[, kwds]])：使用非阻塞方式调用func函数（并列执行，堵塞方式必须等待上一个进程退出才能执行下一个进程），args为传递给func的参数列表，kwds为传递给func的关键字参数列表。

☑ apply(func[, args[, kwds]])：使用阻塞方式调用func函数。

☑ close()：关闭进程池（Pool），使其不再接受新的任务。

☑ terminate()：不管任务是否完成，立即终止。

☑ join()：主进程阻塞，等待子进程的退出，必须在close()或terminate()方法之后使用。

在上面的方法中提到apply_async()使用非阻塞方式调用函数，而apply()使用阻塞方式调用函数。那么什么又是阻塞和非阻塞呢？在图12.6中，分别使用阻塞方式和非阻塞方式执行3个任务。如果使用阻塞方式，必须等待上一个进程退出才能执行下一个进程，而使用非阻塞方式，则可以并行3个进程。

下面通过一个实例演示一下如何使用进程池创建多进程。

第4篇 技能进阶篇

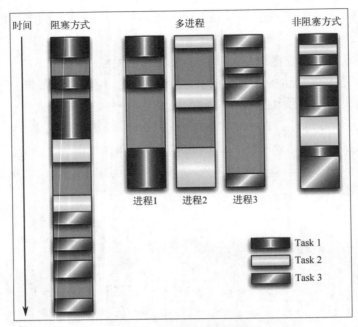

图12.6 阻塞与非阻塞示例图

实例 12.3 使用进程池创建多进程

这里模拟水池放水的场景，定义一个进程池，设置最大进程数为3，然后使用非阻塞方式执行10个任务，查看每个进程执行的任务。具体代码如下：

```
01  # -*- coding=utf-8 -*-
02  from multiprocessing import Pool
03  import os, time
04  
05  def task(name):
06      print('子进程（%s）执行task %s ...' % ( os.getpid() ,name))
07      time.sleep(1)            # 休眠1秒
08  
09  if __name__=='__main__':
10      print('父进程（%s）.' % os.getpid())
11      p = Pool(3)                         # 定义一个进程池，最大进程数3
12      for i in range(10):                 # 从0开始循环10次
13          p.apply_async(task, args=(i,))  # 使用非阻塞方式调用task()函数
14      print('等待所有子进程结束...')
15      p.close()  # 关闭进程池，关闭后p不再接收新的请求
16      p.join()   # 等待子进程结束
17      print('所有子进程结束.')
```

运行结果如图12.7所示，从图12.7可以看出PID为7216的子进程执行了4个任务，而其余2个子进程分别执行了3个任务。

```
父进程（15864）.
等待所有子进程结束...
子进程（7216）执行task 0 ...
子进程（3308）执行task 1 ...
子进程（6164）执行task 2 ...
子进程（7216）执行task 3 ...
子进程（3308）执行task 4 ...
子进程（6164）执行task 5 ...
子进程（7216）执行task 6 ...
子进程（3308）执行task 7 ...
子进程（6164）执行task 8 ...
子进程（7216）执行task 9 ...
所有子进程结束.
```

图12.7　使用进程池创建进程

12.2　进程间通信

我们已经学习了如何创建多进程，那么在多进程中，每个进程之间有什么关系呢？其实每个进程都有自己的地址空间、内存、数据栈以及其他记录其运行状态的辅助数据。下面通过一个例子，验证一下进程之间能否直接共享信息。

实例12.4　验证进程之间能否直接共享信息

定义一个全局变量g_num，分别创建2个子进程对g_num变量执行不同的操作，并输出操作后的结果。代码如下：

```
01  # -*- coding:utf-8 -*-
02  from multiprocessing import Process
03
04  def plus():
05      print('-------子进程1开始------')
06      global g_num
07      g_num += 50
08      print('g_num is %d'%g_num)
09      print('-------子进程1结束------')
10
11  def minus():
12      print('-------子进程2开始------')
```

```
13      global g_num
14      g_num -= 50
15      print('g_num is %d'%g_num)
16      print('-------子进程2结束------')
17
18  g_num = 100    # 定义一个全局变量
19  if __name__ == '__main__':
20      print('-------主进程开始------')
21      print('g_num is %d'%g_num)
22      p1 = Process(target=plus)      # 实例化进程p1
23      p2 = Process(target=minus)     # 实例化进程p2
24      p1.start()                      # 开启进程p1
25      p2.start()                      # 开启进程p2
26      p1.join()                       # 等待p1进程结束
27      p2.join()                       # 等待p2进程结束
28      print('-------主进程结束------')
```

运行结果如图12.8所示。

上述代码中，分别创建了2个子进程，一个子进程中令g_num变量加上50，另一个子进程令g_num变量减去50。但是从运行结果可以看出，g_num变量在父进程和2个子进程中的初始值都是100。也就是全局变量g_num在一个进程中的结果，没有传递到下一个进程中，即进程之间没有共享信息。进程间是否共享信息示意图如图12.9所示。

图12.8　检验进程是否共享信息　　图12.9　进程间是否共享信息示意图

要如何才能实现进程间的通信呢？Python的multiprocessing模块包装了底层的机制，提供了Queue（队列）、Pipes（管道）等多种方式来交换数据。本节将讲解通过队列（Queue）来实现进程间的通信。

12.2.1　队列简介

队列（Queue）就是模仿现实中的排队。例如学生在食堂排队买饭。新来的学生排到队伍最后，最前面的学生买完饭走开，后面的学生跟上。可以看出队列有两个特点：
- 新来的都排在队尾。
- 最前面的完成后离队，后面一个跟上。

根据以上特点，可以归纳出队列的结构如图 12.10 所示。

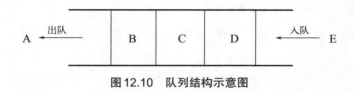

图 12.10　队列结构示意图

12.2.2　多进程队列的使用

进程之间有时需要通信，操作系统提供了很多机制来实现进程间的通信。可以使用 multiprocessing 模块的 Queue 实现多进程之间的数据传递。Queue 本身是一个消息列队程序，下面介绍一下 Queue 的使用。

初始化 Queue() 对象时（例如：q=Queue(num)），若括号中没有指定最大可接收的消息数量，或数量为负值，那么就代表可接受的消息数量没有上限（直到内存的尽头）。Queue 的常用方法如下：

- Queue.qsize()：返回当前队列包含的消息数量。
- Queue.empty()：如果队列为空，返回 True，否则返回 False。
- Queue.full()：如果队列满了，返回 True，否则返回 False。
- Queue.get([block[, timeout]])：获取队列中的一条消息，然后将其从列队中移除，block 默认值为 True。
  - 如果 block 使用默认值，且没有设置 timeout（单位秒），消息列队为空，此时程序将被阻塞（停在读取状态），直到从消息列队读到消息为止，如果设置了 timeout，则会等待 timeout 秒，若还没读取到任何消息，则抛出"Queue.Empty"异常。
  - 如果 block 值为 False，消息列队为空，则会立刻抛出"Queue.Empty"异常。
- Queue.get_nowait()：相当 Queue.get(False)。
- Queue.put(item,[block[, timeout]])：将 item 消息写入队列，block 默认值为 True。
  - 如果 block 使用默认值，且没有设置 timeout（单位秒），当消息列队已经没有空间可写入时，程序将被阻塞（停在写入状态），直到从消息列队腾出空间为止，如果设置了timeout，则会等待timeout秒，若还没空间，则抛出"Queue.Full"异常。
- 如果block值为False，当消息列队没有空间可写入时，则会立刻抛出"Queue.Full"异常。

☑ Queue.put_nowait(item)：相当Queue.put(item, False)。

实例12.5 多进程队列的使用

下面通过一个例子学习一下如何使用processing.Queue。代码如下：

```
01  #coding=utf-8
02  from multiprocessing import Queue
03
04  if __name__ == '__main__':
05      q=Queue(3)  # 初始化一个Queue对象，最多可接收三条put消息
06      q.put("消息1")
07      q.put("消息2")
08      print(q.full())  # 返回False
09      q.put("消息3")
10      print(q.full()) # 返回True
11
12      # 因为消息列队已满，下面的try会抛出异常，
13      # 第一个try会等待2秒后再抛出异常，第二个try会立刻抛出异常
14      try:
15          q.put("消息4",True,2)
16      except:
17          print("消息列队已满，现有消息数量:%s"%q.qsize())
18
19      try:
20          q.put_nowait("消息4")
21      except:
22          print("消息列队已满，现有消息数量:%s"%q.qsize())
23
24      # 读取消息时，先判断消息列队是否为空，为空时再读取
25      if not q.empty():
26          print('----从队列中获取消息---')
27          for i in range(q.qsize()):
28              print(q.get_nowait())
29      # 先判断消息列队是否已满，不为满时再写入
30      if not q.full():
31          q.put_nowait("消息4")
```

运行结果如图12.11所示。

```
False
True
消息列队已满,现有消息数量:3
消息列队已满,现有消息数量:3
-----从队列中获取消息---
消息1
消息2
消息3
```

图 12.11　Queue 的写入和读取

12.2.3　使用队列在进程间通信

我们知道使用 multiprocessing.Process 可以创建多进程,使用 multiprocessing.Queue 可以实现队列的操作。接下来,通过一个实例结合 Process 和 Queue 实现进程间的通信。

实例 12.6　使用队列在进程间通信

创建2个子进程,一个子进程负责向队列中写入数据,另一个子进程负责从队列中读取数据。为保证能够正确从队列中读取数据,设置读取数据的进程等待时间为2秒。如果2秒后仍然无法读取数据,则抛出异常。代码如下:

```
01  # -*- coding: utf-8 -*-
02  from multiprocessing import Process, Queue
03  import time
04
05  # 向队列中写入数据
06  def write_task(q):
07      if not q.full():
08          for i in range(5):
09              message = "消息" + str(i)
10              q.put(message)
11              print("写入:%s"%message)
12  # 从队列读取数据
13  def read_task(q):
14      time.sleep(1)                          # 休眠1秒
15      while not q.empty():
16          # 等待2秒,如果还没读取到任何消息,则抛出"Queue.Empty"异常
17          print("读取:%s" % q.get(True,2))
18
19  if __name__ == "__main__":
20      print("----- 父进程开始 -----")
21      q = Queue()  # 父进程创建Queue,并传给各个子进程
22      pw = Process(target=write_task, args=(q,)) # 实例化写入队列的子进程,并且传递队列
23      pr = Process(target=read_task, args=(q,))  # 实例化读取队列的子进程,并且传递队列
24      pw.start()     # 启动子进程 pw,写入
25      pr.start()     # 启动子进程 pr,读取
```

```
26    pw.join()         # 等待 pw 结束
27    pr.join()         # 等待 pr 结束
28    print("-----父进程结束-----")
```

运行结果如图12.12所示。

```
-----父进程开始-----
写入:消息0
写入:消息1
写入:消息2
写入:消息3
写入:消息4
读取:消息0
读取:消息1
读取:消息2
读取:消息3
读取:消息4
-----父进程结束-----
```

图 12.12　使用队列在进程间通信

12.3　多进程爬虫

尽管多线程可以实现并发执行程序，但是多个线程之间只能共享当前进程的内存，所以线程所申请到的资源是有限的。要想更好地发挥爬虫的并发执行，可以考虑使用multiprocessing模块和Pool进程池实现一个多进程爬虫，这样可以更好地提高爬虫工作效率。以爬取某网站电影信息为例，实现多进程爬虫的具体步骤如下。

实例 12.7　多进程爬虫

（1）分析请求地址

① 打开电影网站的主页地址（https://www.ygdy8.net/html/gndy/dyzz/index.html），然后在当前网页的底部切换下一页，对比两个主页地址的翻页规律。如图12.13与图12.14所示。

说明　根据以上方式将主页切换至第3页，此时可以确定主页地址翻页规律如下：

```
https://www.ygdy8.net/html/gndy/dyzz/index.html          # 主页 1 地址
https://www.ygdy8.net/html/gndy/dyzz/list_23_2.html      # 主页 2 地址
https://www.ygdy8.net/html/gndy/dyzz/list_23_3.html      # 主页 3 地址
```

图 12.13　主页 1 地址

图 12.14　主页 2 地址

② 将主页 1 地址修改为"https://www.ygdy8.net/html/gndy/dyzz/list_23_1.html"，测试主页 1 是否正常显示与图 12.13 相同的内容，如果网页内容相同，即可通过切换网页地址后面的 list_23_1（页码数字）实现主页的翻页功能。

③ 在任何一个主页中，按快捷键 F12 打开浏览器开发者工具，然后选择"Elements"选项，接着单击左上角 按钮，再选择主页中电影的标题，获取电影详情页的链接地址，如图 12.15 所示。

（2）爬取电影详情页地址

在 12.3.1 节中已经分析出电影网站中主页地址翻页规律，然后找到了电影详情页的链接地址，接下来需要在本节中实现爬取电影详情页的地址，具体步骤如下。

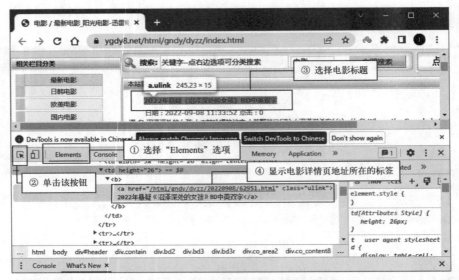

图12.15　获取电影详情页的链接地址

① 创建pool_spider.py文件，然后在该文件中导入当前爬虫所需要的所有模块，代码如下：

```
01  import requests                              # 导入网络请求模块
02  from fake_useragent import UserAgent         # 导入请求头模块
03  from multiprocessing import Pool             # 导入进程池
04  import re                                    # 导入正则表达式模块
05  from bs4 import BeautifulSoup                # 导入解析html代码的模块
06  import time                                  # 导入时间模块
```

② 创建Spider类，在该类中用init()方法分别初始化保存电影详情页请求地址的列表。代码如下：

```
01  class Spider():
02      def __init__(self):
03          self.info_urls = []                  # 所有电影详情页的请求地址
```

③ 创建get_home()方法，在该方法中首先创建主页请求地址的列表，然后循环发送网络请求，当请求成功后爬取电影详情页的网络地址，最后将爬取的链接地址添加至对应的列表当中并返回该列表。代码如下：

```
01  # 获取主页信息
02  def get_home(self, page):
03      # 创建主页请求地址的列表
```

```
04    home_url = ['https://www.ygdy8.net/html/gndy/dyzz/list_23_{}.html'
05               .format(str(i)) for i in range(1, page+1)]
06    for url in home_url:
07        header = UserAgent().random    # 创建随机请求头
08        home_response = requests.get(url, header)    # 发送主页网络请求
09        if home_response.status_code == 200:    # 判断请求是否成功
10            home_response.encoding = 'gb2312'    # 设置编码方式
11            html = home_response.text            # 获取返回的HTML代码
12            # 获取所有电影详情页地址
13            details_urls = re.findall('<a href="(.*?)" class="ulink">', html)
14            self.info_urls.extend(details_urls)    # 添加请求地址列表
15    return self.info_urls    # 返回详情页地址的列表
```

（3）爬取电影信息

完成了以上的准备工作，接下来需要实现电影信息的爬取，不过在爬取这些信息时同样需要通过浏览器开发者工具，获取电影信息与所在的HTML标签，电影信息所在的HTML标签如图12.16所示。

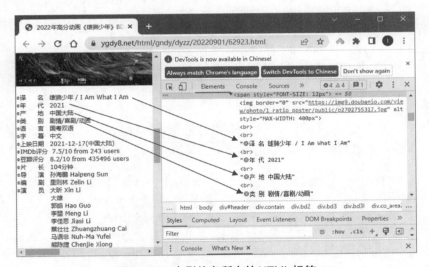

图12.16　电影信息所在的HTML标签

确定了需要爬取内容所在HTML标签的位置，接下来就需要编写爬取信息的代码，首先在Spider类中创建get_info()方法，在该方法中先通过随机请求头发送电影详情页的网络请求，接着在解析后的HTML代码中获取需要的电影信息。代码如下：

```
01  def get_info(self, url):
02      header = UserAgent().random    # 创建随机请求头
03      info_response = requests.get(url, header)    # 发送获取每条电影信息的网
```

络请求
```
04        if info_response.status_code == 200:        # 判断请求是否成功
05            info_response.encoding = 'gb2312'
06            html = BeautifulSoup(info_response.text, "html.parser")  # 获取
返回的html代码
07            try:
08                name = html.select('div[class="title_all"]')[0].text  # 获取
电影名称
09                #将电影的详细信息进行处理,先去除所有html中的空格(\u3000),然
后用◎将数据进行分割
10                info_all = (html.select('div[id="Zoom"]')[0]).text.
replace('\u3000', '').replace('\n', '').split('◎')
11                date = info_all[8]        # 获取上映时间
12                imdb = info_all[9]        # 获取IMDb评分
13                douban = info_all[10]     # 获取豆瓣评分
14                length = info_all[11]     # 获取片长
15                # 电影信息
16                info = {'name': name, 'date': date, 'imdb': imdb,
17                        'douban': douban, 'length': length}
18                print(info)  # 打印电影信息
19            except Exception as e:
20                # 出现异常不再爬取,直接爬取下一个电影的信息
21                return
22                # print(e)
```

在程序入口处添加代码,首先需要组合每个电影详情页的请求地址,然后分别通过串行与多进程的方式爬取电影详情信息。代码如下:

```
01  if __name__ == '__main__':                # 创建程序入口
02      s = Spider()                          # 创建自定义爬虫类对象
03      info_urls = s.get_home(1)             # 爬取第1页电影详情页地址
04      # # 以下代码用于爬取电影详情信息
05      info_urls = ['https://www.ygdy8.net' + i for i in info_urls]  # 组
合每个电影详情页的请求地址
06      start_time = time.time()              # 记录串行爬取电影详情页地址的起始时间
07      for i in info_urls:     # 循环遍历电影详情页请求地址
08          s.get_info(i)       # 发送网络请求,获取每个电影详情信息
09      end_time = time.time()  # 记录串行爬取电影详情页地址结束时间
10      print('串行爬取电影详情信息耗时:', end_time - start_time)
11
12      start_time_4 = time.time()            # 记录4进程爬取电影详情页地址起始时间
13      pool = Pool(processes=4)              # 创建4进程对象,根据自己电脑核数进行设定
14      for url in info_urls:
```

```
15        pool.apply_async(s.get_info,args=(url,))      # 实现多进程请求
16    pool.close()              # 关闭进程池
17    pool.join()               # 等待子进程结束
18    end_time_4 = time.time()       # 记录4进程爬取电影详情页地址结束时间
19    print('4进程爬取电影详情信息耗时:', end_time_4 - start_time_4)
```

程序运行后,控制台中将显示如图12.17所示的信息。

串行爬取电影详情信息耗时: 29.221535682678223
4进程爬取电影详情信息耗时: 8.190319538116455

图12.17　耗时信息

本章知识思维导图

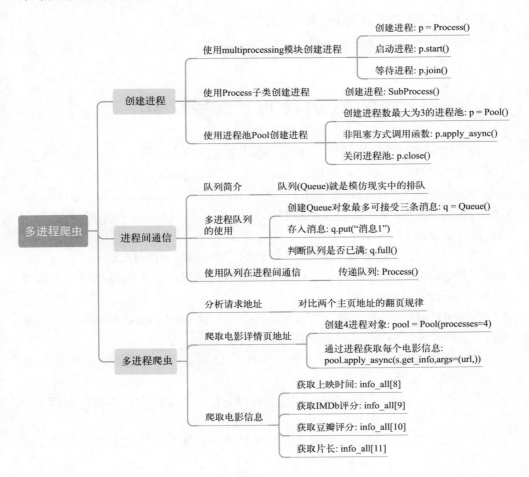

第 13 章

爬取App数据

本章学习目标
- 掌握 Charles 工具的下载与安装
- 熟练掌握 PC 端证书的安装与配置
- 熟悉手机网络的配置与手机端证书的安装
- 熟练掌握如何使用 Charles 工具爬取 App 数据

13.1 Charles 工具的下载与安装

可以实现App抓包的工具有很多，比较常用的就是Fidder与Charles工具了，不过从性能来讲Charles的功能更加强大一些。Charles抓包工具是收费软件，但是可以免费试用30天。打开Charles工具的官方下载页面（https://www.charlesproxy.com/download/），根据操作系统下载对应的版本即可。这里以Windows系统为例进行讲解，如图13.1所示。

下载完成后本地磁盘中将出现名称为"charles-proxy-4.6.2-win64.msi"的安装文件，双击该文件将显示如图13.2所示的欢迎界面，在该界面中直接单击"Next"按钮。

在许可协议页面中，勾选"I accept the terms in the License Agreement"同意协议，然后单击"Next"按钮。如图13.3所示。

在"Destination Folder"界面中，选择自己需要安装的路径，然后单击"Next"按钮，如图13.4所示。

在"Ready to install Charles 4.6.2"界面中直接单击"Install"按钮，如图13.5所示。

安装完成以后将显示如图13.6所示的界面，在该界面中直接单击"Finish"按钮即可。

第 13 章 爬取 App 数据

图 13.1 下载操作系统对应版本的 Charles 工具

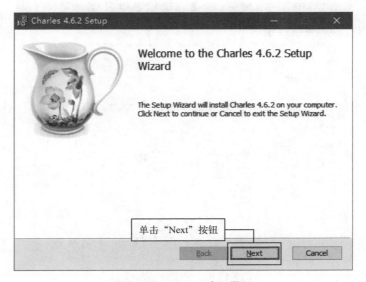

图 13.2 Charles 欢迎界面

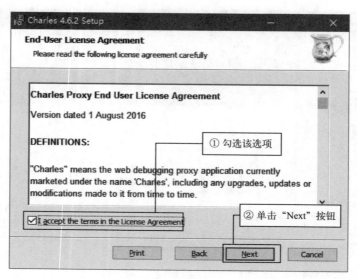

图 13.3 勾选协议

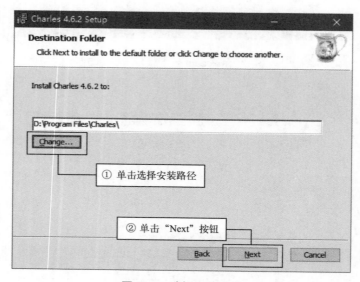

图 13.4 选择安装路径

第 13 章 爬取 App 数据

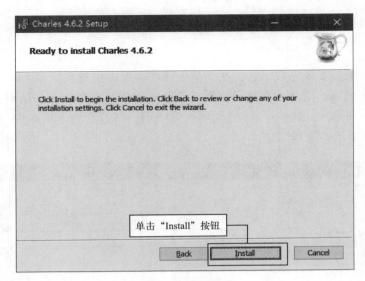

图 13.5　准备安装

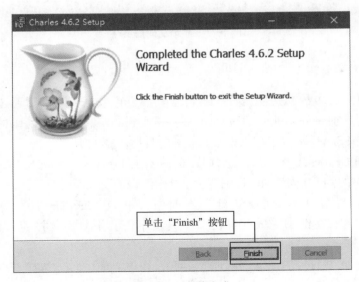

图 13.6　安装完成

13.2 SSL 证书的安装

13.2.1 安装 PC 端证书

Charles 工具安装完成以后，在菜单中或底部搜索位置找到 Charles 启动图标，启动 Charles 工具。Charles 启动后将默认获取当前 PC（电脑）端的所有网络请求，例如，自动获取 PC 端浏览器中访问的百度页面，不过在查看请求内容时，将显示如图 13.7 所示的乱码信息。

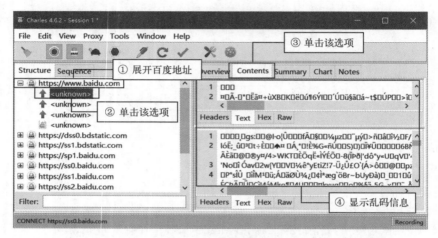

图 13.7　显示乱码信息

说明　在默认的情况下 Charles 是可以获取 PC 端的网络请求的。

目前的网页多数都是使用 HTTPS 与服务端进行数据交互，而通过 HTTPS 传输的数据都是加密的，此时通过 Charles 所获取到的信息也就是乱码的，此时需要安装 PC 端 SSL 证书。安装 PC 端 SSL 证书的具体步骤如下。

① 打开 Charles 工具，依次选择 Help → SSL Proxying → Install Charles Root Certificate 菜单项打开安装 SSL 证书界面，如图 13.8 所示。

② 在已经打开的安装 SSL 证书界面中，单击"安装证书"按钮，如图 13.9 所示。然后在证书导入向导窗口中直接单击"下一步"按钮，如图 13.10 所示。

③ 打开证书向导的"证书存储"界面，在该界面中首先选择"将所有的证书都放入下列存储"，然后单击"浏览"按钮，选择证书的存储位置为"受信任的根证书颁发机构"，再单击"确定"按钮，最后单击"下一步"按钮即可。如图 13.11 所示。

第 13 章 爬取 App 数据

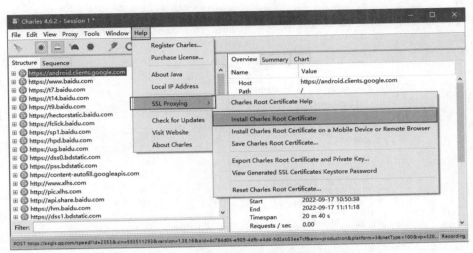

图 13.8 打开安装 SSL 证书界面步骤

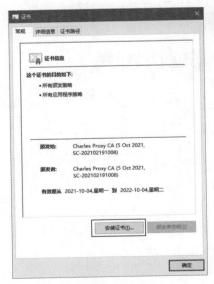

图 13.9 安装证书界面

图 13.10 证书导入向导界面

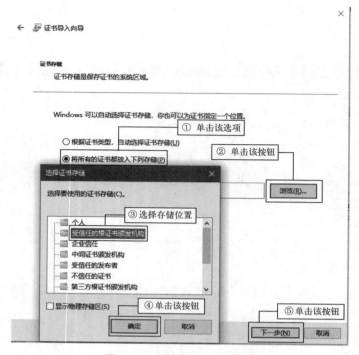

图 13.11　选择证书存储区域

④ 在证书导入向导的"正在完成证书导入向导"的界面中，直接单击"完成"按钮，如图 13.12 所示。

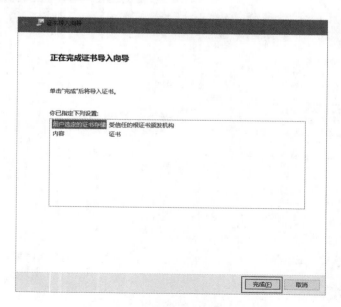

图 13.12　确认完成 SSL 证书导入

⑤ 在弹出的安全警告框中单击"是"按钮，如图13.13所示，即可完成SSL证书的安装。

图13.13　确认SSL证书的安全警告

⑥ 在"导入成功"的提示对话框窗口中单击"确定"，如图13.14所示，然后在安装证书的窗口中单击"确定"按钮，如图13.15所示。

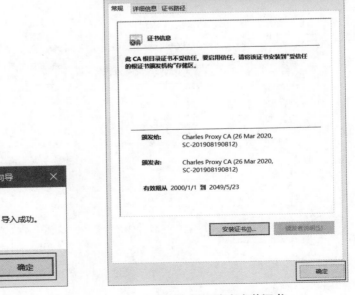

图13.14　确定导入成功　　　　图13.15　确定安装证书

13.2.2 设置代理

PC端的SSL证书安装完成以后,在获取请求详情内容时依然显示乱码。此时还需要设置SSL代理,设置SSL代理的具体步骤如下。

在Charles工具中,依次选择Proxy → SSL Proxying Settings菜单项,如图13.16所示。

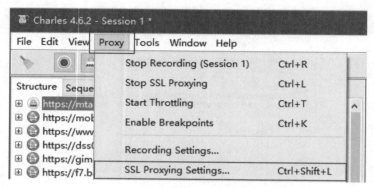

图13.16　打开SSL代理设置

在"SSL Proxying"选项卡当中勾选"Enable SSL Proxying"复选框,然后单击左侧"Include"下面对应的"Add"按钮,在Edit Location窗口中设置指定代理,如果没有代理的情况下可以将其设置为*(表示所有的SSL)即可,如图13.17所示。

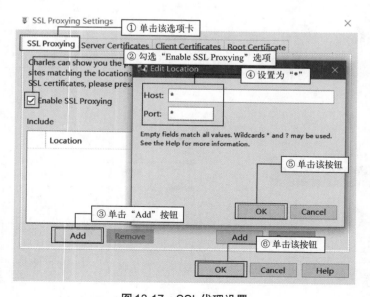

图13.17　SSL代理设置

SSL代理设置完成以后，重新启动Charles，再次打开浏览器中的百度网页，单击左侧目录中的"/"将显示如图13.18所示的详细内容。

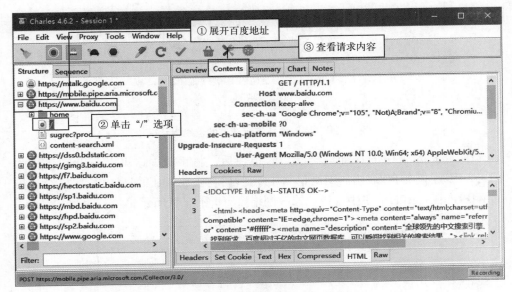

图13.18　查看百度请求内容

13.2.3　配置网络

当需要通过Charles抓取手机中的请求地址时，需要保证PC端与手机端在同一网络环境下，然后为手机端进行网络配置。配置网络的具体步骤如下。

① 确定PC端与手机端在同一网络下，然后在Charles工具的菜单中依次选择Help → SSL Proxying → Install Charles Root Certificate on a Mobile Device or Remote Browser菜单项，如图13.19所示。

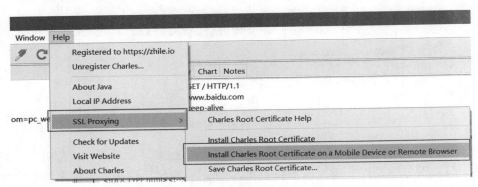

图13.19　打开移动设备安装证书的信息提示框

② 打开移动设备安装证书的信息提示框，在该对话框中需要记录IP地址与端口号，如图13.20所示。

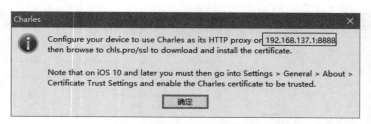

图13.20　移动设备安装证书的信息提示框

③ 将提示框中的IP地址与端口号记住后，将手机（这里以Android手机为例）WIFI连接与PC端相同网络的WIFI，然后在手机WIFI列表中长按已经连接的WIFI，在弹出的菜单中选择"修改网络"，如图13.21所示。

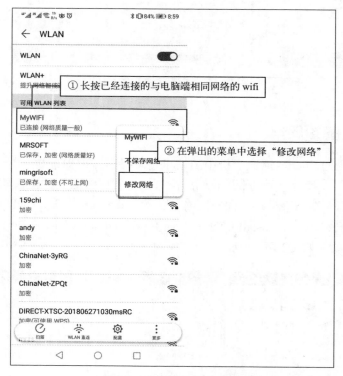

图13.21　修改手机网络

④ 在修改网络的界面中，首先勾选"显示高级选项"，然后在"服务器主机名"与"服务器端口"所对应的位置填写Charles的移动设备安装证书的信息提示框中所给出的IP与端口号，单击"保存"按钮。如图13.22所示。

第 13 章 爬取 App 数据

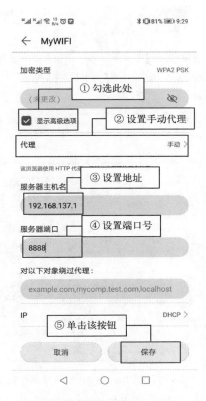

图 13.22　设置服务器主机名与端口号

⑤ 在手机端服务器主机与端口号设置完成后，PC 端 Charles 将自动弹出是否信任此设备的确认对话框，在该对话框中直接单击"Allow"按钮即可，如图 13.23 所示。

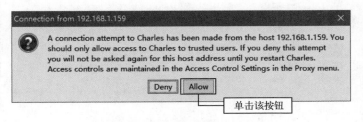

图 13.23　确认是否信任手机设备

注意 如果 PC 端的 Charles 没有提示如图 13.23 所示的提示框，可以在 PC 端命令行窗口内通过 ipconfig 获取当前 PC 端的无线局域适配器所对应的 IPv4 地址，并将该地址设置在步骤④手机连接 WIFI 的服务器主机名当中。

209

13.2.4 安装手机端证书

PC端与手机端的网络配置完成以后,需要将Charles证书保存在PC端,然后安装在手机端,这样Charles才可以正常抓取手机App中的网络请求。安装手机端证书的具体步骤如下。

① 在Charles工具中依次选择Help → SSL Proxying → Save Charles Certificate...菜单项,如图13.24所示。

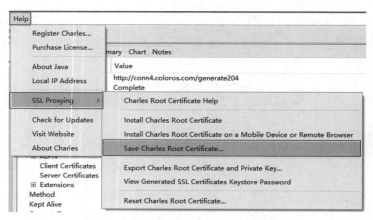

图13.24 打开Charles_SSL证书保存窗口

② 将证书文件保存在PC端指定路径下,如图13.25所示。

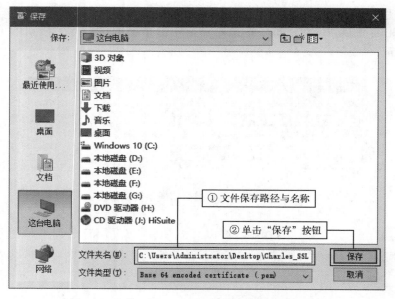

图13.25 将Charles_SSL证书文件保存在PC端

③ 将Charles_SSL证书文件导入手机中，然后在手机中依次选择设置 → 安全和隐私 → 更多安全设置 → 从SD卡安装证书，选择Charles_SSL证书文件，输入手机密码后设置证书名称，单击"确定"按钮。如图13.26所示。

图13.26　手机从SD卡安装证书

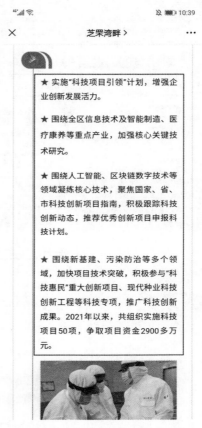

图13.27　Android手机中的文章页面
（图中"国家、省、市"应为"国家、省、区、市"）

说明　不同品牌的手机安装Charles_SSL证书文件的方式会所不同，所以需要读者根据使用的手机品牌寻找对应的安装方式。

④ 完成以上的配置工作以后，打开Android手机中的某个App的文章页面，如图13.27所示。

⑤ 在Charles工具中左侧的请求栏内，同时观察不断出现换色闪烁的最新请求，即可查询到Android手机中文章所对应网页的请求地址，如图13.28所示。

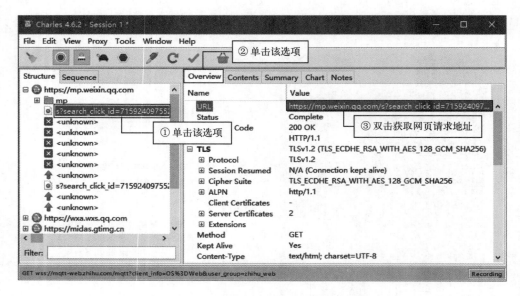

图 13.28　在 Charles 工具中获取 App 的网络请求地址

说明　在不确定 Charles 工具中所获取的请求地址是否正确时，可以将获取的地址在 PC 端的浏览器中进行页面的验证工作，验证结果如图 13.29 所示。

图 13.29　电脑端浏览器验证抓取的 App 请求地址

13.3 案例：爬取 App 数据

实例 13.1 爬取 App 数据

验证了文章页面的数据后，接下来只需要确认文章数据所在的标签位置，就可以将数据爬取下来，爬取文章数据的具体步骤如下。

① 使用浏览器中的开发者工具，找到文章内容所对应的标签位置，如图 13.30 所示。

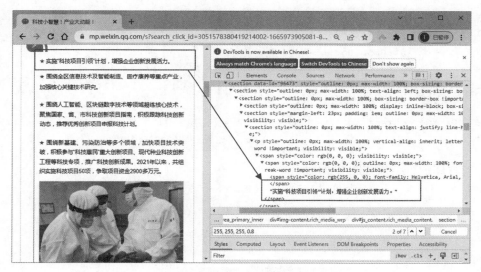

图 13.30 确认文章内容对应的标签位置

② 导入网络请求模块，然后创建 Charles 工具所拦截到的请求地址，如果在发送网络请求时请求成功就提取文章内容。代码如下：

```
01  from lxml import etree        # 导入etree子模块
02  import requests               # 导入请求模块
03  # 使用charles抓取到的文章地址
04  url = 'https://mp.weixin.qq.com/s?search_click_id=3051578380419214002-1665973905081-8437691600&__biz=MzA3ODY4ODkyOQ==&mid=2649478610&idx=4&sn=a6bf21de9e9bb3bacd95decfbfb13462&chksm=87a1921cb0d61b0a39b40614bd08f741050b522b169696165559107862b67388170c71ee0b46&scene=0&subscene=10000&clicktime=1665973905&enterid=1665973905&sessionid=0&ascene=65&realreporttime=1665973905157&devicetype=android-28&version=28001cca&nettype=WIFI&abtest_cookie=AAACAA%3D%3D&lang=zh_CN&exportkey=n_ChQIAhIQPAlA4Dp26q%2FgStQqdbhs2hLcAQIE97dBBAEAAAAAAKaoCAPqE0UAAAAOpnltbLcz9gKNyK89dVj0909%2FXvZ88iVMTe%2F
```

```
hdM8ZCd%2BC2s4kt7j754V7%2BqRBaqYDY%2BLaDXhZIZpvuMqOLjNb0pqhA70Pv7PJnH3T8Ti
E0pxTpmvb03RsqCHwBGmKoAnIFFDRqfVSABxLoJ3muCyid4l10UWgCRuLy3jrd8WgpRwlVIx70
Hpza%2BGNcXTNjLJZRl2jT48JVG0avE69oqofYWO7hButB2slxKEM3D721SzCzOrsSv1YVwMXx
uLpulaUvtD%2Fn8E%3D&pass_ticket=5ypmMLUN0fCapsQfd1%2FR3merSdxlseGqkf2wvrVl
qsv1MRLC2Xd26O9FrCe2cCNS&wx_header=3&forceh5=1'
response = requests.get(url=url)        # 发送网络请求
if response.status_code==200:           # 如果请求成功
    html = etree.HTML(response.text)   # 解析html字符串
    # 提取文章标题
    title = html.xpath('//h1[@class="rich_media_title "]//text()')
    print('文章标题为：',''.join(title))               # 打印文章内容
    print('=====================我是分界线=====================')
    # print(response.text)
    # 提取文章内容
    news_content = html.xpath('//section[@data-id="96473"]//text()')
    print('文章内容如下：')
    for content in news_content:  # 遍历文章内容
        print(content)            # 打印爬取到的文章内容
```

程序运行结果如图13.31所示。

文章标题为：

科技小智慧！产业大动能！

=====================我是分界线=====================
文章内容如下：
★
实施“科技项目引领”计划，增强企业创新发展活力。
★

围绕全区信息技术及智能制造、医疗康养等重点产业，加强核心关键技术研究。
★

围绕人工智能、区块链数字技术等领域凝练核心技术，聚焦国家、省、市科技创新项目指南，积极跟踪科技创新动态，推荐优秀创新项目申报科技计划。
★

围绕新基建、污染防治等多个领域，加快项目技术突破，积极参与“科技惠民”重大创新项目、现代种业科技创新工程等科技专项，推广科技创新成果。2021年以来，共组织实施科技项目50项，争取项目资金2900多万元。
烟台中集来福士海洋工程有限公司“海上透水结构体设计技术研究”项目，获山东省重大科技创新工程立项扶持资金2563万元。企业自筹1.4亿多元，打造集商业、办公、居住等为一体的海上生活空间。
冰轮环境技术股份有限公司，开展“高压加氢压缩机”项目研发，成功申报2022年烟台市重大关键技术揭榜挂帅项目。针对我国“卡脖子”技术，努力寻求技术革新之路，实现高压加氢压缩机国产化替代。
烟台三维岩土工程技术有限公司，开展“山体生态恢复专用复合喷播基质技术研究”项目研发，探索并应用到地质灾害治理、海岸建筑防腐等领域。项目获市创新竞技一等奖、省科技型中小企业创新能力提升工程立项支持。

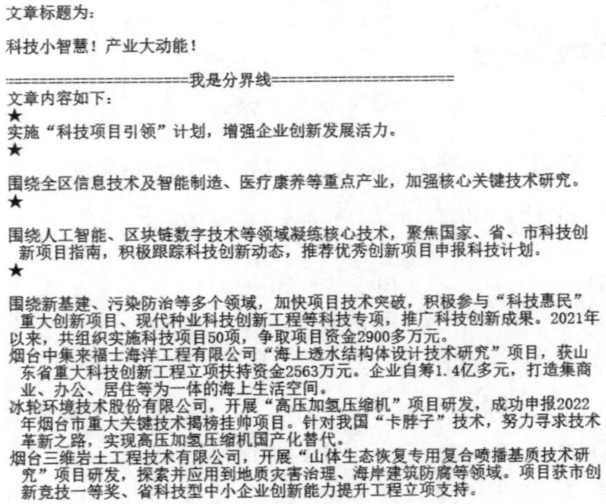

图13.31　爬取App中的文章内容

第 13 章　爬取 App 数据

本章知识思维导图

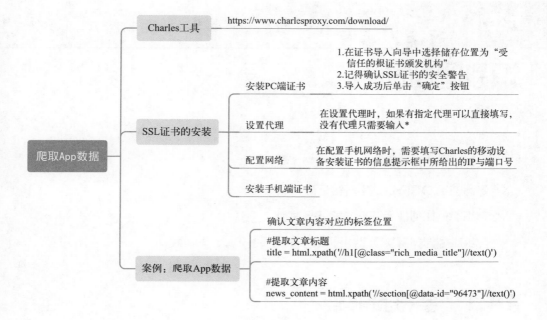

第 14 章

识别验证码

本章学习目标
- ☑ 掌握识别验证码的思路
- ☑ 熟悉使用 OCR 识别字符验证码
- ☑ 熟练掌握如何使用第三方验证码识别
- ☑ 熟练掌握如何解决滑动拼图验证码

14.1 字符验证码

字符验证码的特点就是验证码中包含数字、字母或者掺杂着斑点与混淆曲线的图片验证码。识别此类验证码，首先需要找到验证码图片在网页 HTML 代码中的位置，然后将验证码下载，最后再通过 OCR 技术进行验证码的识别工作。

14.1.1 搭建 OCR 环境

Tesseract-OCR 是一个免费、开源的 OCR 引擎，通过该引擎可以识别图片中的验证码，搭建 OCR 的具体步骤如下。

① 打开 Tesseract-OCR 下载地址（https://github.com/UB-Mannheim/tesseract/wiki），然后选择与自己操作系统匹配的版本（这里以 Windows 64 位操作系统为例），如图 14.1 所示。

② Tesseract-OCR 文件下载完成后，默认安装即可。

③ 找到 Tesseract-OCR 的安装路径（默认为 C:\Program Files\Tesseract-OCR\tessdata），然后将安装路径添加至系统环境变量中，首先鼠标右键单击"此电脑"，选择"属性"→"高级系统设置"→"环境变量"，然后在上面的用户变量中单击"新建"，在弹出的"新建用户变量"窗口中设置变量名与变量值，如图 14.2 所示。

第 14 章 识别验证码

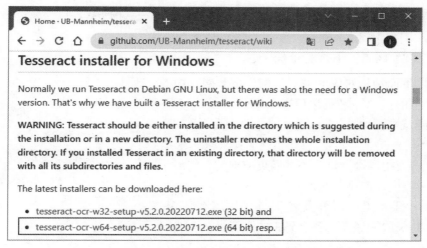

图 14.1　下载 Tesseract-OCR 安装文件

图 14.2　设置 Tesseract-OCR 的环境变量

说明　Tesseract-OCR 环境变量配置完成以后，请重新启动 PyCharm 开发工具。

④ 接下来需要安装 tesserocr 模块，安装命令如下：

```
pip install tesserocr
```

说明　如果使用的是 Anaconda 并在安装 tesserocr 模块时出现了错误，可以使用如下命令：

```
conda install -c simonflueckiger tesserocr
```

注意　如果以上两种安装 tesserocr 模块的方式都遇到问题时，可以在本书资源包中启动"命令提示符窗口"然后通过 pip install tesserocr-2.5.2-cp39-cp39-win_amd64.whl 安装 tesserocr 模块。

217

14.1.2 下载验证码图片

实例 14.1 下载验证码图片

以下面地址对应的网页为例，下载网页中的验证码图片，具体步骤如下。

测试网页地址：http://test.mingribook.com/spider/word/。

① 使用浏览器打开测试网页的地址，将显示如图14.3所示的字符验证码。

② 打开浏览器开发者工具，然后在HTML代码中获取验证码图片所在的位置，如图14.4所示。

图14.3 字符验证码

图14.4 获取验证码在HTML代码中的位置

③ 对目标网页发送网络请求，并在返回的HTML代码中获取图片的下载地址，然后下载验证码图片。代码如下：

```
01  import requests        # 导入网络请求模块
02  import urllib.request        # 导入urllib.request模块
03  from fake_useragent import UserAgent        # 导入随机请求头
04  from bs4 import BeautifulSoup        # 导入解析HTML的模块
05  header = {'User-Agent':UserAgent().random}  # 创建随机请求头
06  url = 'http://test.mingribook.com/spider/word/'        # 网页请求地址
07  # 发送网络请求
08  response = requests.get(url,header)
09  response.encoding='utf-8'        # 设置编码方式
10  html = BeautifulSoup(response.text,"html.parser")  # 解析HTML
11  src = html.find('img').get('src')
```

```
12  img_url = url+src                                    # 组合验证码图片请求地址
13  urllib.request.urlretrieve(img_url,'code.png')       # 下载并设置图片名称
```

程序运行后项目文件夹中将自动生成如图14.5所示的验证码图片。

图14.5 验证码图片

14.1.3 识别验证码

实例14.2 识别验证码

验证码下载完成以后，如果没有安装pillow模块，需要通过pip install pillow安装一下，然后导入tesserocr与Image模块，再通过Image.open()方法打开验证码图片，接着通过tesserocr.image_to_text()函数识别图片中的验证码信息即可。示例代码如下：

```
01  import tesserocr                # 导入tesserocr模块
02  from PIL import Image           # 导入图像处理模块
03  img =Image.open('code.png')     # 打开验证码图片
04  code = tesserocr.image_to_text(img)       # 将图片中的验证码转换为文本
05  print('验证码为：',code)
```

程序运行结果如下：

验证码为：uuuc

OCR的识别技术虽然很强大，但是并不是所有的验证码都可以这么轻松地被识别出来，如图14.6所示的验证码中就会掺杂着许多干扰线条，那么在识别这样的验证码信息时，就需要对验证码图片进行相应的处理并识别。

图14.6 带有干扰线的验证码

如果直接通过OCR识别，识别结果将会受到干扰线的影响。下面我们来通过OCR直接识别测试一下，识别代码与效果如下：

```
01  import tesserocr                # 导入tesserocr模块
02  from PIL import Image           # 导入图像处理模块
03  img =Image.open('code2.jpg')    # 打开验证码图片
04  code = tesserocr.image_to_text(img)       # 将图片中的验证码转换为文本
05  print('验证码为：',code)
```

程序运行结果如下：

验证码为：YSGN.

通过以上测试可以发现,直接通过OCR技术识别后的验证码中多了一个"点",遇到此类情况,我们可以将彩色的验证码图片转换为灰度图片测试一下。示例代码如下:

```
01  import tesserocr              # 导入tesserocr模块
02  from PIL import Image         # 导入图像处理模块
03  img =Image.open('code2.jpg')  # 打开验证码图片
04  img = img.convert('L')        # 将彩色图片转换为灰度图片
05  img.show()                    # 显示灰度图片
06  code = tesserocr.image_to_text(img)    # 将图片中的验证码转换为文本
07  print('验证码为:',code)
```

图14.7 验证码转换后的灰度图片

程序运行后将自动显示如图14.7所示的灰度验证码图片。

控制台中所识别的验证码如下:

验证码为:YSGN.

接下来需要将灰度处理后的验证码图片进行二值化处理,将验证码二值化处理后再次通过OCR进行识别。示例代码如下:

```
01  import tesserocr              # 导入tesserocr模块
02  from PIL import Image         # 导入图像处理模块
03  img =Image.open('code2.jpg')  # 打开验证码图片
04  img = img.convert('L')        # 将彩色图片转换为灰度图片
05  t = 155                       # 设置阈值
06  table = []                    # 二值化数据的列表
07  for i in range(256):          # 循环遍历
08      if i <t:
09          table.append(0)
10      else:
11          table.append(1)
12  img = img.point(table,'1')    # 将图片进行二值化处理
13  img.show()                    # 显示处理后图片
14  code = tesserocr.image_to_text(img)    # 将图片中的验证码转换为文本
15  print('验证码为:',code)       # 打印验证码
```

程序运行后将自动显示如图14.8所示二值化处理后的验证码图片。

控制台中所识别的验证码如下:

图14.8 二值化处理后的验证码图片

验证码为:YSGN

> **说明** 在识别以上具有干扰线的验证码图片时,我们可以做一些灰度和二值化处理,这样可以提高图片验证码的识别率,如果二值化处理后还是无法达到识别的精准性要求,可以适当地上下调节一下二值化操作中的阈值。

14.2 第三方验证码识别

虽然OCR可以识别验证码图片中的验证码信息,但是识别效率与准确度不高是OCR的缺点。所以使用第三方验证码识别平台是一个不错的选择,不仅可以提高验证码识别效率还可以提高验证码识别的准确度。使用第三方平台识别验证码是非常简单的,平台提供一个完善的API接口,根据平台对应的开发文档即可完成快速开发的需求,但每次验证码成功识别后平台会收取少量的费用。

验证码识别平台一般分为两种,分别是打码平台和AI开发者平台。打码平台主要是由在线人员进行验证码的识别工作,然后在较短的时间内返回结果。AI开发者平台主要是由人工智能来进行识别,例如百度AI以及其他AI平台。

实例14.3 第三方打码平台

下面以打码平台为例,演示验证码识别的具体过程。

① 在浏览器中打开打码平台网页(http://www.chaojiying.com),并且单击首页的"用户注册"按钮,如图14.9所示。

图14.9 打码平台首页

② 然后在用户中心的页面中填写注册账号的基本信息,如图14.10所示。

图14.10　填写注册账号的基本信息

> **说明**　账号注册完成以后可以联系平台的客服人员，申请免费测试的题分。

③ 账号注册完成以后，在网页的顶部导航栏中选择"开发文档"，然后在常用开发语言示例下载中选择Python语言，如图14.11所示。

图14.11　选择开发语言示例

④ 在Python语言Demo下载页面中，查看注意事项，然后单击"点击这里下载"即可下载示例代码，如图14.12所示。

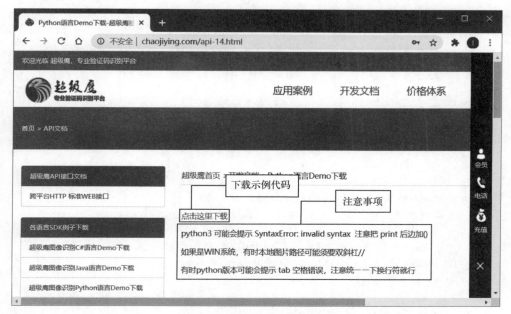

图14.12　下载示例代码

⑤ 平台提供的示例代码中，已经将所有需要用到的功能代码进行了封装处理，封装后的代码如下：

```python
#!/usr/bin/env python
# coding:utf-8
import requests              # 网络请求模块
from hashlib import md5      # 加密

class Chaojiying_Client(object):

    def __init__(self, username, password, soft_id):
        self.username = username                     # 自己注册的账号
        password =  password.encode('utf8')          # 自己注册的密码
        self.password = md5(password).hexdigest()
        self.soft_id = soft_id                       # 软件id
        self.base_params = {                         # 组合表单数据
            'user': self.username,
            'pass2': self.password,
            'softid': self.soft_id,
        }
```

```
        self.headers = {                         # 请求头信息
            'Connection': 'Keep-Alive',
            'User-Agent': 'Mozilla/4.0 (compatible; MSIE 8.0; Windows NT 5.1; Trident/4.0)',
        }

    def PostPic(self, im, codetype):
        """
        im: 图片字节
        codetype: 题目类型 参考 http://www.chaojiying.com/price.html
        """
        params = {
            'codetype': codetype,
        }
        params.update(self.base_params)          # 更新表单参数
        files = {'userfile': ('ccc.jpg', im)}    # 上传验证码图片
        # 发送网络请求
        r = requests.post('http://upload.chaojiying.net/Upload/Processing.php', data=params, files=files, headers=self.headers)
        return r.json()    # 返回响应数据

    def ReportError(self, im_id):
        """
        im_id:报错题目的图片ID
        """
        params = {
            'id': im_id,
        }
        params.update(self.base_params)
        r = requests.post('http://upload.chaojiying.net/Upload/ReportError.php', data=params, headers=self.headers)
        return r.json()
```

⑥ 在已经确保用户名可以使用的情况下，填写必要参数，然后创建示例代码中的实例对象，实现验证码的识别工作。代码如下：

```
01  if __name__ == '__main__':
02      #用户中心>>软件ID 生成一个替换 96001
03      chaojiying = Chaojiying_Client('超级鹰用户名', '超级鹰用户名的密码', '96001')
04      im = open('a.jpg', 'rb').read()    #本地图片文件路径 来替换 a.jpg，有时WIN系统须要//
05      #1902 验证码类型  官方网站>>价格体系 3.4+版 print 后要加()
06      print(chaojiying.PostPic(im, 1902))
```

⑦ 使用平台示例代码中所提供的验证码图片，运行以上示例代码，程序运行结果如下：

{'err_no': 0, 'err_str': 'OK', 'pic_id': '3109515574497000001', 'pic_str': '7261', 'md5': 'cf567a46b464d6cbe6b0646fb6eb18a4'}

说明 程序运行结果中 pic_str 所对应的值为返回的验证码识别信息。

在发送识别验证码的网络请求时，代码中的"1902"表示验证码类型，该平台所支持的常用验证码类型如表14.1所示。

表14.1 常用验证码类型

验证码类型	验证码描述
1902	常见4~6位英文数字
1101~1020	1~20位英文数字
2001~2007	1~7位纯汉字
3004~3012	1~12位纯英文
4004~4111	1~11位纯数字
5000	不定长汉字英文数字
5108	8位英文数字(包含字符)
5201	拼音首字母、计算题、成语混合
5211	集装箱号 4位字母7位数字
6001	计算题
6003	复杂计算题
6002	选择题四选一(ABCD或1234)
6004	问答题，智能回答题
9102	点击两个相同的字，返回:x1,y1|x2,y2
9202	点击两个相同的动物或物品，返回:x1,y1|x2,y2
9103	坐标多选,返回3个坐标，如:x1,y1|x2,y2|x3,y3
9004	坐标多选,返回1~4个坐标，如:x1,y1|x2,y2|x3,y3

说明 表14.1 中只列出了比较常用的验证码识别类型，详细内容可查询验证码平台官网。

14.3 滑动拼图验证码

滑动拼图验证码是在滑动验证码的基础上增加了滑动距离的校验，用户需要将图形滑块滑动至主图空缺滑块的位置，才能通过校验。以下面测试地址对应的网页为例，实现滑动拼图验证码的自动校验，具体步骤如下。

实例 14.4 滑动拼图验证码

测试网页地址：http://test.mingribook.com/spider/jigsaw/。

① 使用浏览器打开测试网页的地址，将显示如图 14.13 所示的滑动拼图验证码。

② 打开浏览器开发者工具，单击按钮滑块，然后在 HTML 代码中依次获取按钮滑块、图形滑块以及空缺滑块所对应的 HTML 代码标签所在的位置，如图 14.14 所示。

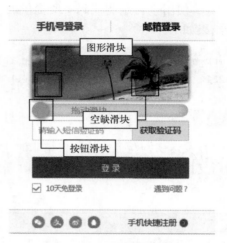

图 14.13 滑动拼图验证码

图 14.14 确定滑动拼图验证码的 HTML 代码位置

③ 拖动按钮滑块，完成滑动拼图验证码的校验，此时将显示如图 14.15 所示的 HTML 代码。

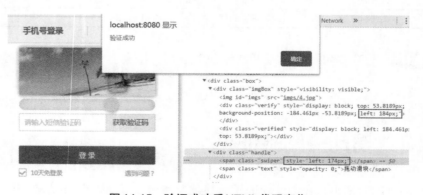

图 14.15 验证成功后 HTML 代码变化

> **说明** 通过以上图 14.14 与图 14.15 可以看出按钮滑块在默认情况下 left 值为 0px，而图形滑块在默认情况下 left 值为 10px。验证成功后按钮滑块的 left 值为 174px，而图形滑块的 left 值为 184px。此时可以总结出整个验证过程的位置变化情况如图 14.16 所示。

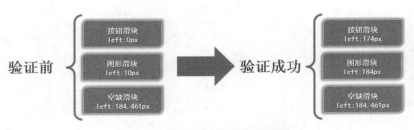

图 14.16 验证过程的位置变化

④ 通过按钮滑块的 left 值可以确认需要滑动的距离，接下来只需要使用 Selenium 模拟滑动的工作即可。实现代码如下：

```
07  from selenium import webdriver       # 导入webdriver模块
08  import re                            # 导入正则模块
09
10  driver = webdriver.Chrome()          # Google Chrome浏览器
11  driver.get('http://test.mingribook.com/spider/jigsaw/')   # 启动网页
12  swiper = driver.find_element_by_xpath(
13      '/html/body/div/div[2]/div[2]/span[1]')   # 获取按钮滑块
14  action = webdriver.ActionChains(driver)       # 创建动作
15  action.click_and_hold(swiper).perform()       # 单击并保证不松开
16  # 滑动0距离,不松手,不执行该动作无法获取图形滑块left值
17  action.move_by_offset(0,0).perform()
18  # 获取图形滑块样式
19  verify_style = driver.find_element_by_xpath(
20      '/html/body/div/div[2]/div[1]/div[1]').get_attribute('style')
21  # 获取空缺滑块样式
22  verified_style = driver.find_element_by_xpath(
23      '/html/body/div/div[2]/div[1]/div[2]').get_attribute('style')
24  # 获取空缺滑块left值
25  verified_left =float(re.findall('left: (.*?)px;',verified_style)[0])
26  # 获取图形滑块left值
27  verify_left =float(re.findall('left: (.*?)px;',verify_style)[0])
28  action.move_by_offset(verified_left-verify_left,0)   # 滑动指定距离
29  action.release().perform()                            # 松开鼠标
```

程序运行后将显示验证成功提示框。

本章知识思维导图

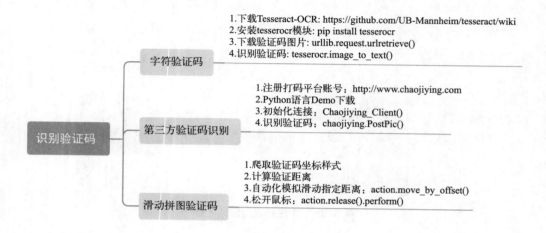

第 5 篇
框架篇

第 15 章

Scrapy 爬虫框架

本章学习目标

- ☑ 了解 Scrapy 爬虫框架的基本原理
- ☑ 了解如何搭建 Scrapy 爬虫框架
- ☑ 熟练掌握 Scrapy 的基本用法
- ☑ 掌握如何使用项目管道存储数据
- ☑ 熟练掌握如何自定义中间件
- ☑ 熟练掌握如何实现文件下载

15.1 了解 Scrapy 爬虫框架

　　Scrapy 是一个为爬取网站数据，提取结构性数据而编写的开源框架。Scrapy 的用途非常广泛，不仅可以应用到网络爬虫，还可以用于数据挖掘、数据监测以及自动化测试等。Scrapy 是基于 Twisted 的异步处理框架，架构清晰、可扩展性强，可以灵活地完成各种需求。Scrapy 工作流程如图 15.1 所示。

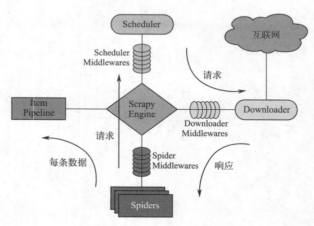

图 15.1　Scrapy 工作流程

在 Scrapy 的工作流程中主要包含以下几个部分：
- ☑ Scrapy Engine（框架的引擎）：用于处理整个系统的数据流，触发各种事件，是整个框架的核心。
- ☑ Scheduler（调度器）：用于接受引擎发过来的请求，添加至列队中，在引擎再次请求时将请求返回给引擎。可以理解为从 URL 列队中取出一个请求地址，同时去除重复的请求地址。
- ☑ Downloader（下载器）：用于从网络下载 Web 资源。
- ☑ Spiders（网络爬虫）：从指定网页中爬取需要的信息。
- ☑ Item Pipeline（项目管道）：用于处理爬取后的数据，例如数据的清洗、验证以及保存。
- ☑ Downloader Middlewares（下载器中间件）：位于 Scrapy 引擎和下载器之间，主要用于处理引擎与下载器之间的网络请求与响应。
- ☑ Spider Middlewares（爬虫中间件）：位于爬虫与引擎之间，主要用于处理爬虫的响应输入和请求输出。
- ☑ Scheduler Middlewares（调度中间件）：位于引擎和调度之间，主要用于处理从引擎发送到调度的请求和响应。

15.2 搭建 Scrapy 爬虫框架

15.2.1 使用 Anaconda 安装 Scrapy

如果已经安装了 Anaconda，那么便可以在 Anaconda Prompt（Anaconda）窗口中输入"conda install scrapy"命令进行 Scrapy 框架的安装工作。不过在安装的过程中可能会出现如图 15.2 所示的 404 错误。

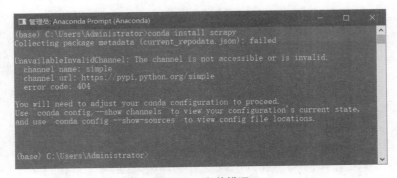

图 15.2　安装错误

如果出现如图 15.2 所示的 404 错误时，需要通过"conda config --show-sources"命令查看是否存在镜像地址，如图 15.3 所示。

图 15.3　查看镜像地址

注意　图 15.3 中红框内的镜像地址为笔者电脑中的镜像地址，读者的镜像地址不一定和图中地址相同。

经过查询发现存在镜像地址时，可以先通过"conda config --remove-key channels"命令清空所有镜像地址，然后再次通过"conda config --show-sources"命令进行查看，如图 15.4 所示。

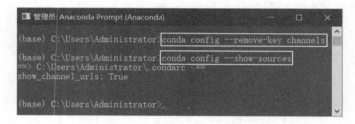

图 15.4　清空所有镜像地址

镜像地址被清空以后，再次输入"conda install scrapy"命令安装 Scrapy 爬虫框架，如图 15.5 所示。

图 15.5　安装 Scrapy 爬虫框架

在底部命令行中输入y，确认继续安装Scrapy爬虫框架，如图15.6所示。

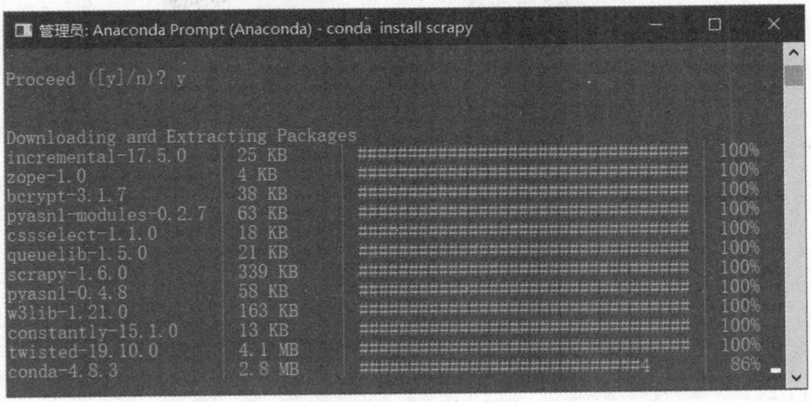

图15.6　确认继续安装Scrapy爬虫框架

> **说明**　在 Anaconda 3.9 的版本中，已经包含了 Scrapy 爬虫框架，所以读者可以根据自己所下载的版本，选择是否需要单独安装 Scrapy 爬虫框架。

15.2.2　Windows系统下配置Scrapy

由于Scrapy爬虫框架依赖的库比较多，尤其是在Windows系统下，至少需要依赖的库有Twisted、lxml、pyOpenSSL以及pywin32。搭建Scrapy爬虫框架的具体步骤如下。

（1）安装Twisted模块

① 打开（https://www.lfd.uci.edu/~gohlke/pythonlibs/）Python扩展包的非官方Windows二进制文件网站，然后按快捷键Ctrl+F搜索"twisted"模块，单击对应的索引，如图15.7所示。

② 单击"twisted"索引以后，网页将自动定位到下载"twisted"扩展包二进制文件下载的位置，然后根据自己Python版本进行下载即可，由于笔者使用的是Python3.9，所以这里单击"Twisted-20.3.0-cp39-cp39-win_amd64.whl"进行下载，其中"cp39"表示对应Python3.9版本，"win32"与"win_amd64"分别表示Windows32位与64位系统。如图15.8所示。

③ "Twisted-20.3.0-cp39-cp39-win_amd64.whl"二进制文件下载完成后，以管理员身份运行命令提示符窗口，然后使用cd命令打开"Twisted-20.3.0-cp39-cp39-win_amd64.whl"二进制文件所在的路径，最后在窗口中输入"pip install Twisted-20.3.0-cp39-cp39-win_amd64.whl"，安装Twisted模块，如图15.9所示。

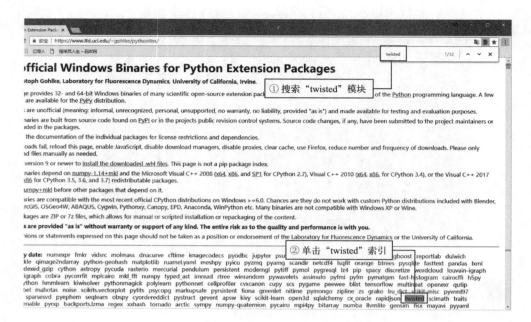

图 15.7　单击"twisted"索引

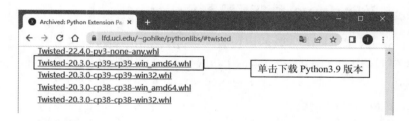

图 15.8　下载"Twisted-20.3.0-cp39-cp39-win_amd64.whl"二进制文件

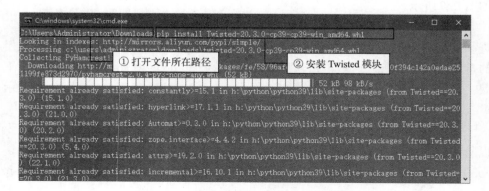

图 15.9　安装 Twisted 模块

（2）安装Scrapy

打开命令提示符窗口，然后输入"pip install Scrapy"命令，安装Scrapy框架如图15.10所示。如果没有出现异常或错误信息，则表示Scrapy框架安装成功。

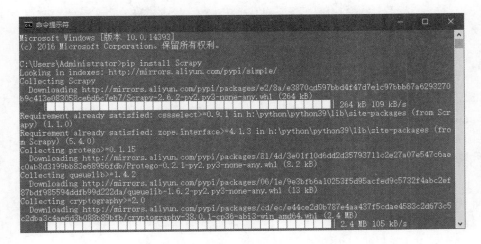

图 15.10　Windows 系统下安装 Scrapy 框架

说明　Scrapy 框架在安装的过程中，同时会将 lxml 与 pyOpenSSL 模块也安装在 Python 环境当中。

（3）安装pywin32

打开命令行窗口，然后输入"pip install pywin32"命令，安装pywin32模块。安装完成以后，在Python命令行下输入"import pywin32_system32"，如果没有提示错误信息，则表示安装成功。

15.3　Scrapy 的基本应用

15.3.1　创建Scrapy项目

在任意路径下创建一个保存项目的文件夹，例如，在F:\PycharmProjects文件夹内运行命令行窗口，然后输入"scrapy startproject scrapyDemo"即可创建一个名称为"scrapyDemo"的项目，如图15.11所示。

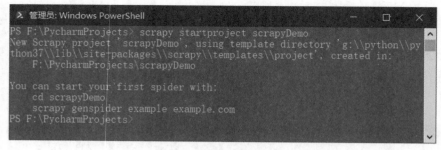

图 15.11　创建 Scrapy 项目

为了提升开发效率，笔者使用 PyCharm 第三方开发工具，打开刚刚创建的 scrapyDemo 项目，项目打开后，在左侧项目的目录结构中可以看到如图 15.12 所示的目录结构。

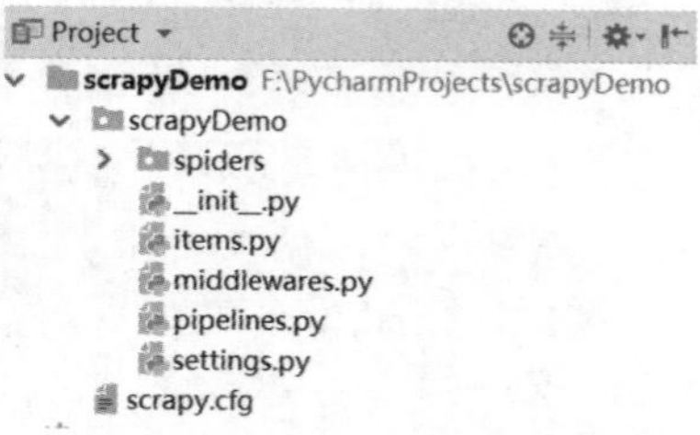

图 15.12　scrapyDemo 项目的目录结构

目录结构中的文件说明如下：

- ☑ spiders（文件夹）：用于创建爬虫文件，编写爬虫规则。
- ☑ __init__文件：初始化文件。
- ☑ items 文件：用于数据的定义，可以寄存处理后的数据。
- ☑ middlewares 文件：定义爬取时的中间件，其中包括 SpiderMiddleware（爬虫中间件）、DownloaderMiddleware（下载中间件）。
- ☑ pipelines 文件：用于实现清洗数据、验证数据、保存数据。
- ☑ settings 文件：整个框架的配置文件，主要包含配置爬虫信息，如请求头、中间件等。
- ☑ scrapy.cfg 文件：项目部署文件，其中定义了项目的配置文件路径等相关信息。

15.3.2　创建爬虫

在创建爬虫时，需要创建一个爬虫模块文件，该文件需要放置在 spiders 文件夹当中。爬虫模块是用于从一个网站或多个网站中爬取数据的类，它需要继承 scrapy.Spider 类，scrapy.Spider 类中提供了 start_requests() 方法实现初始化网络请求，然后通过 parse() 方法解析返回的结果。scrapy.Spider 类中常用属性与方法含义如下：

- ☑ name：用于定义一个爬虫名称的字符串。Scrapy 通过这个爬虫名称进行爬虫的查找，所以这个名称必须是唯一的，不过我们可以生成多个相同的爬虫实例。如果爬取单个网站一般会用这个网站的名称作为爬虫的名称。
- ☑ allowed_domains：包含了爬虫允许爬取的域名列表，当 OffsiteMiddleware

启用时，域名不在列表中的URL不会被爬取。
- ☑ start_urls：URL的初始列表，如果没有指定特定的URL，爬虫将从该列表中进行爬取。
- ☑ custom_settings：这是一个专属于当前爬虫的配置，是一个字典类型的数据，设置该属性会覆盖整个项目的全局，所以在设置该属性时必须在实例化前更新，必须定义为类变量。
- ☑ settings：这是一个settings对象，通过它，我们可以获取项目的全局设置变量。
- ☑ logger：使用Spider创建的Python日志器。
- ☑ start_requests()：该方法用于生成网络请求，它必须返回一个可迭代对象。该方法默认使用start_urls中的URL来生成Request，而Request的请求方式为GET，如果我们想通过POST方式请求网页时，可以使用FormRequest()重写该方法。
- ☑ parse()：如果response没有指定回调函数时，该方法是Scrapy处理response的默认方法。该方法负责处理response并返回处理的数据和下一步请求，然后返回一个包含Request或Item的可迭代对象。
- ☑ closed()：当爬虫关闭时，该函数会被调用。该方法用于代替监听工作，可以定义释放资源或是收尾操作。

实例 15.1 爬取网页代码并保存html文件

下面以爬取如图15.13所示的网页为例，实现爬取网页后将网页的代码以html文件保存至项目文件夹当中。

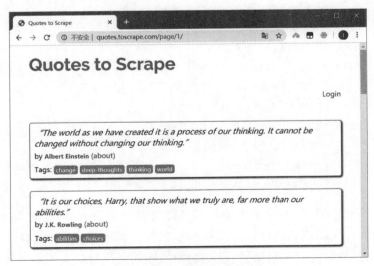

图15.13 爬取的目标网页

在spiders文件夹当中创建一个名称为"crawl.py"的爬虫文件，然后在该文件中，首先创建QuotesSpider类，该类需要继承自scrapy.Spider类；然后重写start_requests()方法实现网络的请求工作；接着重写parse()方法实现向文件中写入获取的html代码。实例代码如下：

```
01  import scrapy  # 导入框架
02
03
04  class QuotesSpider(scrapy.Spider):
05      name = "quotes"  # 定义爬虫名称
06
07      def start_requests(self):
08          # 设置爬取目标的地址
09          urls = [
10              'http://quotes.toscrape.com/page/1/',
11              'http://quotes.toscrape.com/page/2/',
12          ]
13          # 获取所有地址，有几个地址发送几次请求
14          for url in urls:
15              # 发送网络请求
16              yield scrapy.Request(url=url, callback=self.parse)
17
18      def parse(self, response):
19          # 获取页数
20          page = response.url.split("/")[-2]
21          # 根据页数设置文件名称
22          filename = 'quotes-%s.html' % page
23          #以写入文件模式打开文件，如果没有该文件将创建该文件
24          with open(filename, 'wb') as f:
25              # 向文件中写入获取的html代码
26              f.write(response.body)
27          # 输出保存文件的名称
28          self.log('Saved file %s' % filename)
```

在运行Scrapy所创建的爬虫项目时，需要在命令窗口中输入"scrapy crawl quotes"，其中"quotes"是自己定义的爬虫名称。由于笔者使用了PyCharm第三方开发工具，所以需要在底部的Terminal窗口中输入运行爬虫的命令行，运行完成以后将显示如图15.14所示的信息。

第 15 章　Scrapy 爬虫框架

```
Terminal: Local ×  +  ∨
r: None)
2022-10-14 11:10:32 [scrapy.core.engine] DEBUG: Crawled (200) <GET http://quotes.toscrape.com/page/1/> (referer: None)
2022-10-14 11:10:32 [quotes] DEBUG: Saved file quotes-1.html
2022-10-14 11:10:32 [scrapy.core.engine] DEBUG: Crawled (200) <GET http://quotes.toscrape.com/page/2/> (referer: None)
2022-10-14 11:10:33 [quotes] DEBUG: Saved file quotes-2.html
2022-10-14 11:10:33 [scrapy.core.engine] INFO: Closing spider (finished)
2022-10-14 11:10:33 [scrapy.statscollectors] INFO: Dumping Scrapy stats:
{'downloader/request_bytes': 681,
 'downloader/request_count': 3,
```

图 15.14　显示启动爬虫后的信息

如果我们要实现一个 POST 请求时，可以使用 FormRequest() 函数来实现。示例代码如下：

```python
01  import scrapy     # 导入框架
02  import json       # 导入json模块
03  class QuotesSpider(scrapy.Spider):
04      name = "quotes"    # 定义爬虫名称
05      # 字典类型的表单参数
06      data = {'1': '能力是有限的，而努力是无限的。',
07              '2': '星光不问赶路人，时光不负有心人。'}
08      def start_requests(self):
09          return [scrapy.FormRequest('http://httpbin.org/post',
10                                      formdata=self.data,callback=self.parse)]
11
12      # 响应信息
13      def parse(self, response):
14          response_dict = json.loads(response.text)   # 将响应数据转换为字典类型
15          print(response_dict)    # 打印转换后的响应数据
```

说明　除了使用在命令窗口中输入命令"scrapy crawl quotes"启动爬虫程序以外，Scrapy 还提供了可以在程序中启动爬虫的 API，也就是 CrawlerProcess 类。首先需要在 CrawlerProcess 初始化时传入项目的 settings 信息，然后在 crawl() 方法中传入爬虫的名称，最后通过 start() 方法启动爬虫。代码如下：

```python
01  # 导入CrawlerProcess类
02  from scrapy.crawler import CrawlerProcess
03  # 导入获取项目设置信息
04  from scrapy.utils.project import get_project_settings
05
06
```

```
07  # 程序入口
08  if __name__=='__main__':
09      # 创建CrawlerProcess类对象并传入项目设置信息参数
10      process = CrawlerProcess(get_project_settings())
11      # 设置需要启动的爬虫名称
12      process.crawl('quotes')
13      # 启动爬虫
14      process.start()
```

> **注意** 如果在运行 Scrapy 所创建的爬虫项目时，出现 SyntaxError:invalid syntax 的错误信息，如图 15.15 所示，说明 Python3.7 这个版本将 async 识别成了关键字。解决此类错误，首先需要打开 Python37\Lib\site-packages\twisted\conch\manhole.py 文件，然后将该文件中的所有"async"关键字修改成与关键字无关的标识符，如"async_"。

```
File "<frozen importlib._bootstrap>", line 1006, in _gcd_import
File "<frozen importlib._bootstrap>", line 983, in _find_and_load
File "<frozen importlib._bootstrap>", line 967, in _find_and_load_unlocked
File "<frozen importlib._bootstrap>", line 677, in _load_unlocked
File "<frozen importlib._bootstrap_external>", line 728, in exec_module
File "<frozen importlib._bootstrap>", line 219, in _call_with_frames_removed
File "G:\Python\Python37\lib\site-packages\scrapy\extensions\telnet.py", line 12, in <module>
    from twisted.conch import manhole, telnet
File "G:\Python\Python37\lib\site-packages\twisted\conch\manhole.py", line 154
    def write(self, data, async=False):
                              ^
SyntaxError: invalid syntax

Process finished with exit code 1
```

图 15.15 Scrapy 框架常见错误信息

15.3.3 获取数据

Scrapy 爬虫框架，可以通过特定的 CSS 或者 XPath 表达式来选择 HTML 文件中的某一处，并且提取出相应的数据。CSS（Cascading Style Sheet，层叠样式表）用于控制 HTML 页面的布局、字体、颜色、背景以及其他效果。XPath 是一门可以在 XML 文档中根据元素和属性查找信息的语言。

（1）CSS 提取数据

使用 CSS 提取 HTML 文件中的某一处数据时，可以指定 HTML 文件中的标签名称，然后通过text属性获取标签中的文本信息。例如，获取15.3.2小节示例中网页的title标签数据时，可以使用如下代码：

```
response.css('title::text').get()
```

或者是

```
response.css('title::text')[0].getall()
```

获取结果如图15.16所示。

```
2022-09-21 09:36:49 [scrapy.core.engine] DEBUG: Crawled (200) <GET http://quotes.toscrape.com/page/1/> (referer: None)
Quotes to Scrape
2022-09-21 09:36:49 [scrapy.core.engine] DEBUG: Crawled (200) <GET http://quotes.toscrape.com/page/2/> (referer: None)
Quotes to Scrape
```

图15.16　使用CSS提取title标签

（2）XPath提取数据

使用XPath表达式提取HTML文件中的某一处数据时，需要根据XPath表达式的语法规定来获取指定的数据信息，例如，同样获取title标签内的信息时，可以使用如下代码：

```
response.xpath('//title/text()').get()
```

实例15.2　使用XPath表达式获取多条信息

下面通过一个示例，实现使用XPath表达式获取15.3.2小节示例中的多条信息，示例代码如下：

```
01  # 响应信息
02  def parse(self, response):
03      # 获取所有信息
04      for quote in response.xpath(".//*[@class='quote']"):
05          # 获取名人名言文字信息
06          text = quote.xpath(".//*[@class='text']/text()").get()
07          # 获取作者
08          author = quote.xpath(".//*[@class='author']/text()").get()
09          # 获取标签
10          tags = quote.xpath(".//*[@class='tag']/text()").getall()
11          # 以字典形式输出信息
12          print(dict(text=text, author=author, tags=tags))
```

说明　Scrapy的选择对象中还提供了.re()方法，这是一种可以使用正则表达式提取数据的方法，可以直接通过response.xpath().re()方式进行调用，然后在re()方法中填入对应的正则表达式即可。

（3）翻页提取数据

实例 15.3 翻页提取数据

以上的示例中已经实现了获取网页中的数据，如果需要获取整个网站每一页的信息时，就需要使用到翻页功能。例如，获取15.3.2小节示例中整个网站的作者名称，可以使用以下代码：

```
01  # 响应信息
02  def parse(self, response):
03      # div.quote
04      # 获取所有信息
05      for quote in response.xpath(".//*[@class='quote']"):
06          # 获取作者
07          author = quote.xpath(".//*[@class='author']/text()").get()
08          print(author)  # 输出作者名称
09
10      # 实现翻页
11      for href in response.css('li.next a::attr(href)'):
12          yield response.follow(href, self.parse)
```

（4）创建Items

实例 15.4 包装结构化数据

爬取网页数据的过程，就是从非结构性的数据源中提取结构性数据。例如，在QuotesSpider类的parse()方法中已经获取到了text、author以及tags信息，如果需要将这些数据包装成结构化数据，那么就需要scrapy所提供的Item类来满足这样的需求。Item对象是一个简单的容器，用于保存爬取到的数据信息，它提供了一个类似于字典的API，用于声明其可用字段的便捷语法。Item使用简单的类定义语法和Field对象来声明。在创建scrapyDemo项目时，项目的目录结构中就已经自动创建了一个items.py文件，用来定义存储数据信息的Item类，它需要继承scrapy.Item。示例代码如下：

```
01  import scrapy
02
03  class ScrapydemoItem(scrapy.Item):
04      # define the fields for your item here like:
05      # 定义获取名人名言文字信息
06      text = scrapy.Field()
```

```
07          # 定义获取的作者
08          author =scrapy.Field()
09          # 定义获取的标签
10          tags = scrapy.Field()
11
12          pass
```

Item创建完成以后，回到自己编写的爬虫代码中，在parse()方法中创建Item对象，然后输出item信息，代码如下：

```
01  # 响应信息
02  def parse(self, response):
03      # 获取所有信息
04      for quote in response.xpath(".//*[@class='quote']"):
05          # 获取名人名言文字信息
06          text = quote.xpath(".//*[@class='text']/text()").get()
07          # 获取作者
08          author = quote.xpath(".//*[@class='author']/text()").get()
09          # 获取标签
10          tags = quote.xpath(".//*[@class='tag']/text()").getall()
11          # 创建Item对象
12          item = ScrapydemoItem(text=text, author=author, tags=tags)
13          yield item # 输出信息
```

15.3.4 将爬取的数据保存为多种格式的文件

在确保已经创建了Items以后，便可以很轻松地将爬取的数据保存成多种格式的文件，如JSON、CSV、XML等。

例如，我们将每一个Item写成1行JSON时，需要将数据写成后缀名为.jl或者.jsonlines的文件。可以在命令行窗口中输入下面的命令：

```
scrapy crawl quotes -o test.jl
```

或

```
scrapy crawl quotes -o test.jsonlines
```

> **说明** 在上面的命令代码中 quotes 为启动爬虫的名称，test 表示保存后的文件名称，.jl 或 .jsonlines 表示保存文件的后缀名称。

如果需要将数据保存成.json、.csv、.xml、.pickle、.marshal文件可以参考一下命令行代码：

```
scrapy crawl quotes -o test.json
scrapy crawl quotes -o test.csv
scrapy crawl quotes -o test.xml
scrapy crawl quotes -o test.pickle
scrapy crawl quotes -o test.marshal
```

如果我们不想通过命令行的方式保存各种格式的文件时，可以使用scrapy所提供的cmdline子模块，该子模块中提供了execute()方法，该方法中的参数为列表参数，所以我们将命令行代码拆分成列表即可。示例代码如下：

```
01  from scrapy import cmdline       # 导入cmdline子模块
02  cmdline.execute('scrapy crawl quotes -o test.json'.split())
03  cmdline.execute('scrapy crawl quotes -o test.csv'.split())
04  cmdline.execute('scrapy crawl quotes -o test.xml'.split())
05  cmdline.execute('scrapy crawl quotes -o test.pickle'.split())
06  cmdline.execute('scrapy crawl quotes -o test.marshal'.split())
```

> **说明** 上面的示例代码中不可同时执行，只能单条命令执行。

15.4 编写 Item Pipeline

当爬取的数据已经被存放在Items以后，如果Spider（爬虫）解析完Response（响应），Items就会传递到Item Pipeline（项目管道）中，然后在Item Pipeline（项目管道）中创建用于处理数据的类，这个类就是项目管道组件，通过执行一连串的处理即可实现数据的清洗、存储等工作。

15.4.1 项目管道的核心方法

Item Pipeline（项目管道）的典型用途如下：

- ☑ 清理HTML数据。
- ☑ 验证抓取的数据（检查项目是否包含某些字段）。
- ☑ 检查重复项（并将其删除）。
- ☑ 将爬取的结果存储在数据库中。

在编写自定义Item Pipeline（项目管道）时，可以实现以下几个方法：

- ☑ process_item()：该方法是在自定义Item Pipeline（项目管道）时，所必须

实现的方法。该方法中需要提供两个参数，参数的具体含义如下：
- item参数为Item对象（被处理的Item）或字典。
- spider参数为Spider对象（爬取信息的爬虫）。

说明 process_item()方法用于处理返回的Item对象，在处理时会先处理低优先级的Item对象，直到所有的方法调用完毕。如果返回Deferred或引发DropItem异常，那么该Item将不再进行处理。

- ☑ open_spider()：该方法是在开启爬虫时被调用的，所以在这个方法中可以进行初始化操作，其中spider参数就是被开启的Spider（爬虫）对象。
- ☑ close_spider()：该方法与上一方法相反，是在关闭爬虫时被调用的，在这个方法中可以进行一些收尾工作，其中spider参数就是被关闭的Spider（爬虫）对象。
- ☑ from_crawler()：该方法为类方法，需要使用@classmethod进行标识，在调用该方法时需要通过参数cls创建实例对象，最后需要返回这个实例对象。通过crawler参数可以获取Scrapy所有的核心组件，例如配置信息等。

15.4.2 将信息存储到数据库中

实例15.5 将数据存储至数据库

了解了Item Pipeline（项目管道）的作用，接下来便可以将爬取的数据信息，通过Item Pipeline（项目管道）存储到数据库当中。实现的具体步骤如下。

① 安装并调试MySQL数据库，然后通过Navicat for MySQL创建数据库名称为"quotes_data"，如图15.17所示。

图15.17 创建"quotes_data"数据库

② 在"quotes_data"数据库当中创建名称为"celebrated_dictum"的数据表，如图15.18所示。

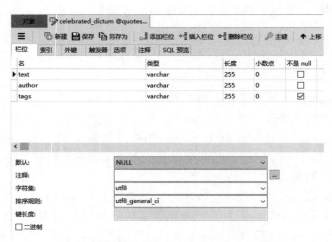

图 15.18　创建"celebrated_dictum"数据表

③ 接下来需要在项目管道中将数据存储至 MySQL 数据库当中，首先打开 pipelines.py 文件，在该文件中首先导入 pymysql 数据库操作模块，然后通过 __init__() 方法初始化数据库连接参数。代码如下：

```
01  import pymysql              # 导入数据库连接pymysql模块
02
03  class ScrapydemoPipeline:
04      # 初始化数据库参数
05      def __init__(self,host,database,user,password,port):
06          self.host = host
07          self.database = database
08          self.user = user
09          self.password = password
10          self.port = port
```

注意　如果没有 pymysql 模块需要单独安装。

④ 重写 from_crawler() 方法，在该方法中返回通过 crawler 获取配置文件中数据库参数的 cls() 实例对象。代码如下：

```
01  @classmethod
02  def from_crawler(cls,crawler):
03      # 返回cls()实例对象，其中包含通过crawler获取的配置文件中的数据库参数
04      return cls(
```

```
05            host=crawler.settings.get('SQL_HOST'),
06            user=crawler.settings.get('SQL_USER'),
07            password=crawler.settings.get('SQL_PASSWORD'),
08            database = crawler.settings.get('SQL_DATABASE'),
09            port = crawler.settings.get('SQL_PORT')
10        )
```

⑤ 重写open_spider()方法，在该方法中实现启动爬虫时进行数据库的连接，以及创建数据库操作游标。代码如下：

```
01  # 打开爬虫时调用
02  def open_spider(self, spider):
03      # 数据库连接
04      self.db = pymysql.connect(host=self.host,user=self.user,password=self.password, database=self.database,port=self.port, charset= 'utf8')
05      self.cursor = self.db.cursor()   # 创建游标
```

⑥ 重写close_spider()方法，在该方法中实现关闭爬虫时关闭数据库的连接。代码如下：

```
01  # 关闭爬虫时调用
02  def close_spider(self, spider):
03      self.db.close()
```

⑦ 重写process_item()方法，在该方法中首先将item对象转换为字典类型的数据，然后将三列数据插入到数据库当中，接着提交并返回item。代码如下：

```
01  def process_item(self, item, spider):
02      data = dict(item)       # 将item转换成字典类型
03      # sql语句向数据表中插入对应的数据
04      sql = 'insert into celebrated_dictum values(%s,%s,%s)'
05      # 执行插入多条数据
06      self.cursor.execute(sql, (data['text'],data['author'],'、'.join(data['tags'])))
07      self.db.commit()        # 提交
08      return item             # 返回item
```

⑧ 打开settings.py文件，在该文件中找到激活项目管道的代码并解除注释状态，然后设置数据库信息的变量。代码如下：

```
01  # Configure item pipelines
02  # See https://docs.scrapy.org/en/latest/topics/item-pipeline.html
03  # 配置数据库连接信息
04  SQL_HOST = 'localhost'
05  SQL_USER = 'root'
06  SQL_PASSWORD='root'
07  SQL_DATABASE = 'quotes_data'
08  SQL_PORT = 3306
09  # 开启项目管道
10  ITEM_PIPELINES = {'scrapyDemo.pipelines.ScrapydemoPipeline': 300,}
```

⑨ 打开 crawl.py 文件，在该文件中再次启动爬虫，爬虫程序执行完毕以后，打开 celebrated_dictum 数据表，将显示如图 15.19 所示的数据信息。

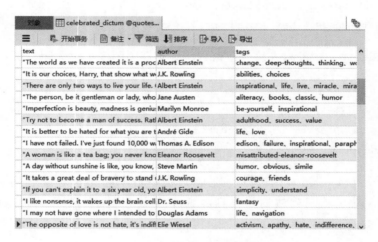

图 15.19　插入数据库中的排行数据

15.5　自定义中间件

Scrapy 中内置了多个中间件，不过在多数情况下开发者都会选择创建一个属于自己的中间件，这样既可以满足自己的开发需求，还可以节省很多开发时间。在实现自定义中间件时需要重写部分方法，因为 Scrapy 引擎需要根据这些方法名来执行并处理，如果没有重写这些方法，Scrapy 的引擎将会按照原有的方法而执行，从而失去自定义中间件的意义。

15.5.1 设置随机请求头

设置请求头是爬虫程序中必不可少的一项设置，多数网站都会根据请求头内容制定一些反爬策略，在Scrapy框架中如果只是简单地设置一个请求头的话，可以在当前的爬虫文件中以参数的形式添加在网络请求当中。示例代码如下：

```
01  import scrapy  # 导入框架
02  class HeaderSpider(scrapy.Spider):
03      name = "header"    # 定义爬虫名称
04
05      def start_requests(self):
06          # 设置固定的请求头
07          self.headers = {'User-Agent':'Mozilla/5.0 (Windows NT 10.0; '
08                                       'Win64; x64; rv:74.0) Gecko/20100101 Firefox/74.0'}
09          return [scrapy.Request('http://httpbin.org/get',
10                                 headers=self.headers,callback=self.parse)]
11
12      # 响应信息
13      def parse(self, response):
14          print(response.text)      # 打印返回的响应信息
```

程序运行结果如图15.20所示。

```
{
  "args": {},
  "headers": {
    "Accept": "text/html,application/xhtml+xml,application/xml;q=0.9,*/*;q=0.8",
    "Accept-Encoding": "gzip,deflate",
    "Accept-Language": "en",
    "Host": "httpbin.org",
    "User-Agent": "Mozilla/5.0 (Windows NT 10.0; Win64; x64; rv:74.0) Gecko/20100101 Firefox/74.0",
    "X-Amzn-Trace-Id": "Root=1-5e859572-9d0333506e51afd083a57ca8"
  },
  "origin": "175.19.143.94",
  "url": "http://httpbin.org/get"
}
```

图15.20　添加请求头后的响应结果

注意 在没有使用指定的请求头时，发送网络请求将使用Scrapy默认的请求头信息，信息内容如下：

```
"User-Agent": "Scrapy/2.6.2 (+https://scrapy.org)"
```

实例 15.6 设置随机请求头

对于实现多个网络请求时,最好是每发送一次请求更换一个请求头,这样可以避免请求头的反爬策略。对于这样的需求可以使用自定义中间件的方式实现一个设置随机请求头的中间件。具体实现步骤如下。

① 打开命令行窗口,首先通过"scrapy startproject header"命令创建一个名称为"header"的项目,然后通过"cd header"命令打开项目最外层的文件夹,最后通过"scrapy genspider headerSpider quotes.toscrape.com"命令创建名称为"headerSpider"的爬虫文件。命令行操作如图15.21所示。

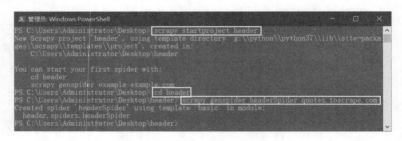

图 15.21 命令行操作

② 打开headerSpider.py文件,配置测试网络请求的爬虫代码。代码如下:

```
01  def start_requests(self):
02      # 设置爬取目标的地址
03      urls = [
04          'http://quotes.toscrape.com/page/1/',
05          'http://quotes.toscrape.com/page/2/',
06      ]
07
08      # 获取所有地址,有几个地址发送几次请求
09      for url in urls:
10          # 发送网络请求
11          yield scrapy.Request(url=url,callback=self.parse)
12  def parse(self, response):
13      # 打印每次网络请求的请求头信息
14      print('请求信息为: ',response.request.headers.get('User-Agent'))
15      pass
```

③ 安装fake-useragent模块,然后打开middlewares.py文件,在该文件中首先导入fake-useragent模块中的UserAgent类,然后创建RandomHeaderMiddleware类并通过__init__()函数进行类的初始化工作。代码如下:

```python
01  from fake_useragent import UserAgent   # 导入请求头类
02  # 自定义随机请求头的中间件
03  class RandomHeaderMiddleware(object):
04      def __init__(self, crawler):
05          self.ua = UserAgent()    # 随机请求头对象
06          # 如果配置文件中不存在就使用默认的Google Chrome请求头
07          self.type = crawler.settings.get("RANDOM_UA_TYPE", "chrome")
```

④ 重写from_crawler()方法，在该方法中将cls实例对象返回。代码如下：

```python
01  @classmethod
02  def from_crawler(cls, crawler):
03      # 返回cls()实例对象
04      return cls(crawler)
```

⑤ 重写process_request()方法，在该方法中实现设置随机生成的请求头信息。代码如下：

```python
01  # 发送网络请求时调用该方法
02  def process_request(self, request, spider):
03      # 设置随机生成的请求头
04      request.headers.setdefault('User-Agent',getattr(self.ua, self.type))
```

⑥ 打开settings.py文件，在该文件中找到DOWNLOADER_MIDDLEWARES配置信息，然后配置自定义的请求头中间件，并把默认生成的下载中间件禁用，最后在配置信息的下面添加请求头类型。代码如下：

```python
01  DOWNLOADER_MIDDLEWARES = {
02      # 启动自定义随机请求头中间件
03      'header.middlewares.RandomHeaderMiddleware':400,
04      # 设为None，禁用默认创建的下载中间件
05      'header.middlewares.HeaderDownloaderMiddleware': None,
06  }
07  # 配置请求头类型为随机，此处还可以设置为ie、firefox以及chrome
08  RANDOM_UA_TYPE = "random"
```

⑦ 启动"headerSpider"爬虫，控制台将输出两次请求，并分别使用不同的请求头信息，如图15.22所示。

```
2022-09-22 10:32:52 [scrapy.core.engine] DEBUG: Crawled (200) <GET http://quotes.toscrape.com/page/1/> (referer: None)
请求信息为： b'Mozilla/5.0 (X11; CrOS i686 4319.74.0) AppleWebKit/537.36 (KHTML, like Gecko) Chrome/29.0.1547.57 Safari/537.36'
2022-09-22 10:32:52 [scrapy.core.engine] DEBUG: Crawled (200) <GET http://quotes.toscrape.com/page/2/> (referer: None)
请求信息为： b'Mozilla/5.0 (Windows NT 10.0) AppleWebKit/537.36 (KHTML, like Gecko) Chrome/40.0.2214.93 Safari/537.36'
```

图15.22 输出请求头信息

> **说明** 此次自定义中间件中重点需要重写process_request()方法，该方法是scrapy发送网络请求时所调用的，参数request表示当前的请求对象，例如请求头、请求方式以及请求地址等信息。参数spider表示爬虫程序。该方法返回值具体说明如下：

- None：最常见的返回值，表示该方法已经执行完成并向下执行爬虫程序。
- response：停止该方法的执行，开始执行process_response()方法。
- request：停止当前的中间件，将当前的请求交给Scrapy引擎重新执行。
- IgnoreRequest：抛出异常对象，再通过process_exception()方法处理异常，结束当前的网络请求。

15.5.2 设置Cookies

熟练地使用Cookies在编写爬虫程序时是非常重要的，Cookies代表着用户信息，如果需要爬取登录后网页的信息时，就可以将Cookies信息保存，然后在第二次获取登录后的信息时就不需要再次登录了，直接使用Cookies进行登录即可。在Scrapy中如果想在Spider（爬虫）文件中直接定义并设置Cookies参数时，可以参考以下示例代码：

```
01  # -*- coding: utf-8 -*-
02  import scrapy
03
04
05  class CookiespiderSpider(scrapy.Spider):
06      name = 'cookieSpider'                    # 爬虫名称
07      allowed_domains = ['httpbin.org/get']    # 域名列表
08      start_urls = ['http://httpbin.org/get']  # 请求初始化列表
09      cookies = {'CookiesDemo':'python'}       # 模拟Cookies信息
10
11      def start_requests(self):
12          # 发送网络请求，请求地址为start_urls列表中的第一个地址
13          yield scrapy.Request(url=self.start_urls[0],cookies=self.cookies,callback=self.parse)
14
15      # 响应信息
16      def parse(self, response):
17          # 打印响应结果
18          print(response.text)
19          pass
```

程序运行结果如图15.23所示。

```
{
  "args": {},
  "headers": {
    "Accept": "text/html,application/xhtml+xml,application/xml;q=0.9,*/*;q=0.8",
    "Accept-Encoding": "gzip, deflate",
    "Accept-Language": "en",
    "Cookie": "CookiesDemo=python",
    "Host": "httpbin.org",
    "User-Agent": "Scrapy/2.6.2 (+https://scrapy.org)",
    "X-Amzn-Trace-Id": "Root=1-632bd19b-7bc5276d6af1bda400b3308c"
  },
  "origin": "119.53.1.98",
  "url": "http://httpbin.org/get"
}
```

图 15.23　打印测试的 Cookies 信息

注意 以上示例代码中的 Cookies 是一个模拟测试所使用的信息，并不是一个真实有效的 Cookies 信息，所以在使用时需要将 Cookies 信息设置为爬取网站对应的真实 Cookies。

实例 15.7　通过 Cookies 模拟自动登录

在 Scrapy 中除了使用以上示例代码中的方法设置 Cookies 以外，也可以使用自定义中间件的方式设置 Cookies。以爬取某网站登录后的用户名信息为例，具体实现步骤如下。

① 在 cookieSpider.py 文件中编写爬虫代码。代码如下：

```
01  # -*- coding: utf-8 -*-
02  import scrapy
03
04
05  class CookiespiderSpider(scrapy.Spider):
06      name = 'cookieSpider'                     # 爬虫名称
07      allowed_domains = ['douban.com']          # 域名列表
08      start_urls = ['http://www.douban.com']    # 请求初始化列表
09
10      def start_requests(self):
11          # 发送网络请求，请求地址为 start_urls 列表中的第一个地址
12          yield scrapy.Request(url=self.start_urls[0],callback=self.parse)
13
14      # 响应信息
15      def parse(self, response):
16          # 打印登录后的用户名信息
```

```
17          print(response.xpath('//*[@id="db-global-nav"]/div/div[1]/ul/
li[2]/a/span[1]/text()').extract_first())
18          pass
```

② 在middlewares.py文件中，定义用于格式化与设置Cookies的中间件，代码如下：

```
01  # 自定义Cookies中间件
02  class CookiesdemoMiddleware(object):
03      # 初始化
04      def __init__(self,cookies_str):
05          self.cookies_str = cookies_str
06
07      @classmethod
08      def from_crawler(cls, crawler):
09          return cls(
10              # 获取配置文件中的Cookies信息
11              cookies_str = crawler.settings.get('COOKIES_DEMO')
12          )
13      cookies = {}    # 保存格式化以后的cookies
14      def process_request(self, request, spider):
15          for cookie in self.cookies_str.split(';'):  # 通过;分割Cookies字符串
16              key, value = cookie.split('=', 1)       # 将key与值进行分割
17              self.cookies.__setitem__(key,value)     # 将分割后的数据保存至字典中
18          request.cookies = self.cookies              # 设置格式化以后的Cookies
```

③ 在middlewares.py文件中，定义随机设置请求头的中间件。代码如下：

```
01  from fake_useragent import UserAgent  # 导入请求头类
02  # 自定义随机请求头的中间件
03  class RandomHeaderMiddleware(object):
04      def __init__(self, crawler):
05          self.ua = UserAgent()        # 随机请求头对象
06          # 如果配置文件中不存在就使用默认的Google Chrome请求头
07          self.type = crawler.settings.get("RANDOM_UA_TYPE", "chrome")
08
09      @classmethod
10      def from_crawler(cls, crawler):
11          # 返回cls()实例对象
```

```
12          return cls(crawler)
13
14      # 发送网络请求时调用该方法
15      def process_request(self, request, spider):
16          # 设置随机生成的请求头
17          request.headers.setdefault('User-Agent', getattr(self.ua, self.type))
```

④ 打开settings.py文件，在该文件中首先将DOWNLOADER_MIDDLEWARES配置信息中的默认配置信息禁用，然后添加用于处理Cookies与随机请求头的配置信息并激活，最后定义从浏览器中获取的Cookies信息。代码如下：

```
01  DOWNLOADER_MIDDLEWARES = {
02      # 启动自定义Cookies中间件
03      'cookiesDemo.middlewares.CookiesdemoMiddleware': 201,
04      # 启动自定义随机请求头中间件
05      'cookiesDemo.middlewares.RandomHeaderMiddleware':202,
06      # 禁用默认生成的配置信息
07      'cookiesDemo.middlewares.CookiesdemoDownloaderMiddleware': None,
08  }
09  # 定义从浏览器中获取的Cookies
10  COOKIES_DEMO = '此处填写登录后网页中的Cookie信息'
```

程序运行结果如下：

阿四sir的账号

15.5.3 设置代理ip

使用代理ip实现网络爬虫是有效解决反爬虫的一种方法，如果只是想在Scrapy中简单地应用一次代理ip时可以使用以下代码：

```
01  # 发送网络请求
02  def start_requests(self):
03      return [scrapy.Request('http://httpbin.org/get',callback = self.parse,
04                      meta={'proxy':'http://117.88.177.0:3000'})]
05  # 响应信息
06  def parse(self, response):
07      print(response.text)   # 打印返回的响应信息
08      pass
```

程序运行结果如图15.24所示。

```
{
  "args": {},
  "headers": {
    "Accept": "text/html,application/xhtml+xml,application/xml;q=0.9,*/*;q=0.8",
    "Accept-Encoding": "gzip,deflate",
    "Accept-Language": "en",
    "Cache-Control": "max-age=259200",
    "Host": "httpbin.org",
    "User-Agent": "Scrapy/2.6.2 (+https://scrapy.org)",
    "X-Amzn-Trace-Id": "Root=1-5e86e2d7-d982d9be2f8b7227b34cb2a2"
  },
  "origin": "117.88.177.0",
  "url": "http://httpbin.org/get"
}
```

图 15.24　显示设置固定的代理 ip

> **注意**　在使用代理 ip 发送网络请求时，需要确保代理 ip 是一个有效的 ip，否则会出现错误。

实例 15.8　随机代理中间件

如果需要发送多个网络请求时，可以自定义一个代理 ip 的中间件，在这个中间件中使用随机的方式从代理 ip 列表内抽取一个有效的代理 ip，并通过这个有效的代理 ip 实现网络请求。实现的具体步骤如下。

① 在 "ipSpider.py" 文件中编写爬虫代码。代码如下：

```
01  # 发送网络请求
02  def start_requests(self):
03      return [scrapy.Request('http://httpbin.org/get',callback = self.parse)]
04  # 响应信息
05  def parse(self, response):
06      print(response.text)   # 打印返回的响应信息
07      pass
```

② 打开 "middlewares.py" 文件，在该文件中创建 "IpRandomProxyMiddleware" 类，然后定义保存代理 ip 的列表，最后重写 process_request() 方法，在该方法中实现发送网络请求时随机抽取有效的代理 ip。代码如下：

```
01  import random          # 导入随机模块
02
03  class IpRandomProxyMiddleware(object):
04      # 定义有效的代理 ip 列表
05      PROXIES = [
06          '117.88.177.0:3000',
```

```
07          '117.45.139.179:9006',
08          '202.115.142.147:9200',
09          '117.87.50.89:8118']
10      # 发送网络请求时调用
11      def process_request(self, request, spider):
12          proxy = random.choice(self.PROXIES)        # 随机抽取代理 ip
13          request.meta['proxy'] = 'http://'+proxy    # 设置所使用代理 ip
```

③ 在"settings.py"文件中修改DOWNLOADER_MIDDLEWARES配置信息，先将默认生成的配置信息禁用，然后激活自定义随机获取代理ip的中间件。代码如下：

```
01  DOWNLOADER_MIDDLEWARES = {
02      # 激活自定义随机获取代理 ip 的中间件
03      'ipDemo.middlewares.IpRandomProxyMiddleware':200,
04      # 禁用默认生成的中间件
05      'ipDemo.middlewares.IpdemoDownloaderMiddleware': None
06  }
```

程序运行结果如图15.25所示。

```
{
  "args": {},
  "headers": {
    "Accept": "text/html,application/xhtml+xml,application/xml;q=0.9,*/*;q=0.8",
    "Accept-Encoding": "gzip, deflate",
    "Accept-Language": "en",
    "Host": "httpbin.org",
    "User-Agent": "Scrapy/2.6.2 (+https://scrapy.org)",
    "X-Amzn-Trace-Id": "Root=1-5e86ea32-f46f398867d1ac4894d9bd08"
  },
  "origin": "117.87.50.89",
  "url": "http://httpbin.org/get"
}
```

图 15.25　显示随机抽取的代理 ip

说明　由于上面示例中的代理 ip 均为免费的代理 ip，所以读者在运行示例代码时需要将其替换为最新可用的代理 ip。

15.6　文件下载

Scrapy提供了可以专门处理下载的Pipeline（项目管道），其中包括Files

Pipeline（文件管道）以及 Images Pipeline（图像管道）。两种项目管道的使用方式相同，只是在使用 Images Pipeline（图像管道）时可以将所有下载的图片格式转换为 JPEG/RGB 格式以及设置缩略图。

以继承 ImagesPipeline 类为例，可以重写以下三个方法：

- file_path()：该方法用于返回指定文件名的下载路径，第一个 request 参数是当前下载对应的 request 对象。
- get_media_requests()：该方法中的第一个参数为 Item 对象，这里可以通过 item 获取 url，然后将 url 加入请求列队，等待请求。
- item_completed()：单个 Item 完成下载后的处理方法，通过该方法可以实现筛选下载失败的图片。该方法中的第一个参数 results 就是当前 Item 对应的下载结果，其中包含下载成功或失败的信息。

实例 15.9　下载素材图片

以下载素材图片为例，使用 ImagesPipeline 下载图片的具体步骤如下。

① 在命令行窗口中通过命令创建名称为"imagesDemo"的 Scrapy 项目，然后在该项目中的 spiders 文件夹内创建"imgesSpider.py"爬虫文件，接着打开"items.py"文件，在该文件中创建存储图片名称与图片地址的 Field() 对象。代码如下：

```
01  import scrapy         # 导入scrapy模块
02
03  class ImagesdemoItem(scrapy.Item):
04      imgName = scrapy.Field()    # 存储图片名称
05      imgPath = scrapy.Field()    # 存储图片地址
```

② 打开"imgesSpider.py"文件，在该文件中首先导入 json 模块，然后重写 start_requests() 方法实现获取 json 信息的网络请求，最后重写 parse() 方法，在该方法中实现图片名称与图片地址的提取。代码如下：

```
01  # -*- coding: utf-8 -*-
02  import scrapy         # 导入scrapy模块
03  # 导入ImagesdemoItem类
04  from imagesDemo.items import ImagesdemoItem
05  class ImgesspiderSpider(scrapy.Spider):
06      name = 'imgesSpider'                          # 爬虫名称
07
08      def start_requests(self):
09          url = 'https://imgbin.com/'               # 请求地址
10          yield scrapy.Request(url, self.parse)     # 发送网络请求
```

```
11
12      def parse(self, response):
13          # 获取所有的图片地址
14          img_urls = response.xpath('//div[@class="ifrm"]/a/img/@data-src').getall()
15          for index,url in enumerate(img_urls):    # 循环遍历地址
16              item = ImagesdemoItem()               # 创建item对象
17              item['imgName'] = str(index+1)        # 添加图片名称
18              item['imgPath'] = url                  # 添加图片地址
19              yield item
```

③ 打开"pipelines.py"文件,在该文件中首先要导入ImagesPipeline类,然后让自己定义的类继承ImagesPipeline类。接着重写file_path()方法与get_media_requests()方法,分别用于设置图片文件的名称以及发送获取图片的网络请求。代码如下:

```
01  from scrapy.pipelines.images import ImagesPipeline
02  import scrapy
03  class ImagesdemoPipeline(ImagesPipeline):         # 继承ImagesPipeline类
04      # 设置文件保存的名称
05      def file_path(self, request, response=None, info=None):
06          file_name = request.meta['name']+'.jpg'   # 设置图片名称
07          return file_name                           # 返回文件名称
08
09      # 发送获取图片的网络请求
10      def get_media_requests(self, item, info):
11          # 发送网络请求并传递图片名称
12          yield scrapy.Request(item['imgPath'],meta={'name':item['imgName']})
```

④ 在"settings.py"文件中激活ITEM_PIPELINES配置信息,然后在下面定义IMAGES_STORE变量并指定图片下载后所保存的位置。代码如下:

```
01  ITEM_PIPELINES = {
02      # 激活下载图片的管道
03      'imagesDemo.pipelines.ImagesdemoPipeline': 300,
04  }
05  IMAGES_STORE = './images'      # 此处的路径变量名称必须是固定的IMAGES_STORE
```

启动"imgesSpider"爬虫,下载完成后,打开项目结构中的"images"文件夹将显示如图15.26所示的素材图片。

图15.26 爬取的素材图片

本章知识思维导图

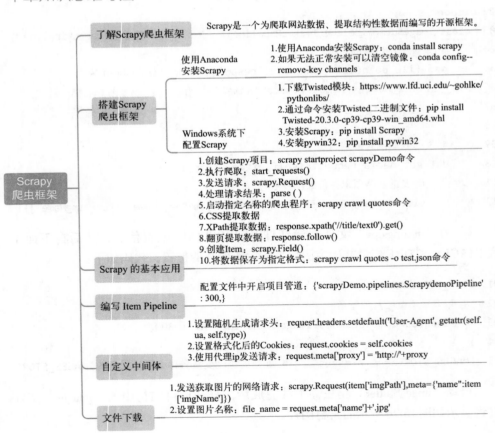

第 16 章

Scrapy-Redis分布式爬虫

本章学习目标

- ☑ 熟悉 Redis 数据库与 Scrapy-Redis 模块的安装
- ☑ 熟练掌握分布式爬虫的搭建
- ☑ 熟练掌握如何启动分布式爬虫
- ☑ 掌握如何实现自定义分布式爬虫

16.1 安装 Redis 数据库

Redis（Remote Dictionary Server），即远程字典服务，是一个开源的使用ANSI C语言所编写、支持网络、可基于内存亦可持久化的日志型、Key-Value数据库（与Python中的字典数据类似），并提供多种语言的API。

它通常被称为数据结构服务器，因为值（value）可以是字符串(String)、哈希函数(Hash)、列表(list)、集合(sets)和有序集合(sorted sets)等类型。

Redis数据库在分布式爬虫中担任了任务列队的作用，主要负责检测及保存每个爬虫程序所爬取的内容，有效控制每个爬虫之间的重复爬取问题。

使用Scrapy实现分布式爬虫时，需要先安装Redis数据库，以Windows系统为例，可以在浏览器中打开（https://github.com/microsoftarchive/redis/releases）地址，然后下载（Redis-x64-3.2.100.msi）版本，如图16.1所示。

> **说明** Redis 数据库的安装文件下载完成后，根据提示默认安装即可。

Redis数据库安装完成以后，在Redis数据库所在的目录下，打开"redis-cli.exe"启动Redis命令行窗口，在窗口中输入"set a demo"表示向数据库中写入key为a、value为demo的数据，回车后显示ok表示写入成功。然后输入"get a"表示获取key为a的数据，回车后显示对应的数据。如图16.2所示。

> **说明** 关于 Redis 数据库其他命令可以参考（https://redis.io/commands）官方地址。

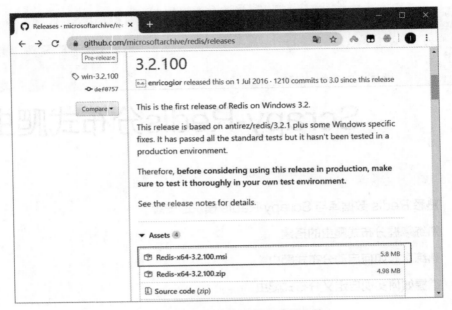

图 16.1 下载 Redis 数据库安装文件

图 16.2 测试 Redis 数据库

在默认情况下，Redis 数据库是没有可视化窗口工具的，如果需要查看 Redis 的数据结构，可以在（https://redisdesktop.com/pricing）官方地址中下载 "Redis Desktop Manager"，下载完成后默认安装即可。安装完成后启动 "Redis Desktop Manager" 可视化窗体，然后单击左上角的 "连接到 Redis 服务器"，并在连接设置中设置连接名字，如果在安装 Redis 数据库时没有修改默认地址（127.0.0.1）与端口号（6379），直接单击左下角 "测试连接"，弹出 "连接 Redis 服务器成功" 提示窗口后，单击右下角 "确定" 按钮即可，操作步骤如图 16.3 所示。

说明 由于 Redis Desktop Manager 软件为收费软件，读者可以领取免费试用。

Redis 服务器的连接创建完成后，单击左侧的连接名称 "Redis_Connet"，即可查询 Redis 数据库中数据，如图 16.4 所示。

第 16 章　Scrapy-Redis 分布式爬虫

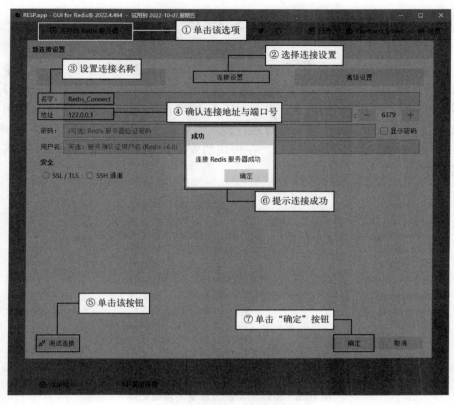

图 16.3　连接 Redis 服务器

图 16.4　查看数据

16.2　Scrapy-Redis 模块

Scrapy-Redis 模块相当于 Scrapy 爬虫框架与 Redis 数据库的桥梁，该模块是在 Scrapy 的基础上进行修改和扩展而来的，既保留了 Scrapy 爬虫框架中原有的异步功能，又实现了分布式的功能。Scrapy-Redis 模块是第三方模块，所以在使用前需要通过 pip install scrapy-redis 命令进行模块的安装。

Scrapy-Redis 模块安装完成后，在模块的安装目录中一共包含如图 16.5 所示的源码文件。

名称	修改日期	类型	大小
__pycache__	2022-09-23,星期...	文件夹	
__init__.py	2022-09-23,星期...	PY 文件	1 KB
connection.py	2022-09-23,星期...	PY 文件	3 KB
defaults.py	2022-09-23,星期...	PY 文件	1 KB
dupefilter.py	2022-09-23,星期...	PY 文件	5 KB
picklecompat.py	2022-09-23,星期...	PY 文件	1 KB
pipelines.py	2022-09-23,星期...	PY 文件	3 KB
queue.py	2022-09-23,星期...	PY 文件	5 KB
scheduler.py	2022-09-23,星期...	PY 文件	6 KB
spiders.py	2022-09-23,星期...	PY 文件	11 KB
stats.py	2022-09-23,星期...	PY 文件	4 KB
utils.py	2022-09-23,星期...	PY 文件	2 KB

图 16.5　Scrapy-Redis 模块的源码文件

图 16.5 中的所有文件都是互相调用的关系，每个文件都有自己需要实现的功能，常用的功能说明如下：

- ☑ __init__.py：模块中的初始化文件，用于实现与 Redis 数据库的连接，具体的数据库连接函数在 connection.py 文件当中。
- ☑ connection.py：用于连接 Redis 数据库，在该文件中，get_redis_from_settings() 函数用于获取 Scrapy 配置文件中的配置信息，get_redis() 函数用于实现与 Redis 数据库的连接。
- ☑ defaults.py：模块中的默认配置信息，如果没有在 Scrapy 项目中配置相关信息，则将使用该文件中的配置信息。
- ☑ dupefilter.py：用于判断重复数据，该文件中重写了 Scrapy 中的判断重复爬取的功能，将已经爬取的请求地址（URL）按照规则写入 Redis 数据库当中。
- ☑ picklecompat.py：将数据转换为序列化格式的数据，解决对 Redis 数据库的写入格式问题。
- ☑ pipelines.py：与 Scrapy 中的 pipelines 是同一对象，用于实现数据库的连接以及数据的写入。
- ☑ queue.py：用于实现分布式爬虫的任务队列。

- ☑ scheduler.py：用于实现分布式爬虫的调度工作。
- ☑ spiders.py：重写Scrapy中原有的爬取方式。
- ☑ utils.py：设置编码方式，用于更好地兼容Python的其他版本。

16.3 分布式爬取新闻数据

实例 16.1 分布式爬取新闻数据

新闻数据的信息量是非常大的，所以在爬取信息量非常大的数据时，使用分布式爬虫既可以满足爬取数据的工作效率，还能满足每条数据的唯一性。下面通过Scrapy-Redis分布式爬虫，爬取中国日报的新闻数据。

（1）分析网页地址

打开中国日报要闻首页地址（http://china.chinadaily.com.cn/5bd5639ca3101a87ca8ff636/page_1.html），然后在新闻网页的底部单击第2页，查看两页地址的切换规律。根据测试，两页的网页地址如下：

```
http://china.chinadaily.com.cn/5bd5639ca3101a87ca8ff636/page_1.html
http://china.chinadaily.com.cn/5bd5639ca3101a87ca8ff636/page_2.html
```

说明 从两页的网页地址中可以看出，只需要将地址尾部page_1进行数字的切换即可。

在新闻列表中按快捷键F12开启开发者工具，然后依次找到新闻标题、新闻地址、新闻简介以及当前新闻的更新时间所在HTML代码中位置。如图16.6所示。

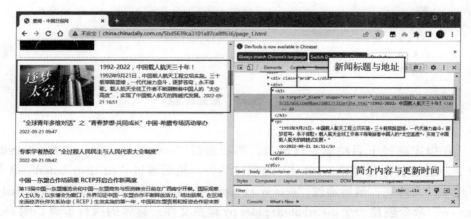

图16.6 确认新闻标题、新闻地址、新闻简介、更新时间的HTML位置

(2) 创建MySQL数据表

在MySQL数据管理工具中，新建名称为"news_data"的数据库，具体参数如图16.7所示。

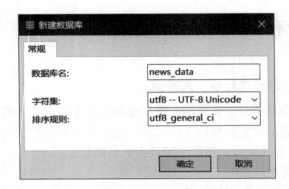

图16.7 新建"news_data"数据库

在"news_data"数据库中创建名称为"news"的数据表，数据表的具体结构如图16.8所示。

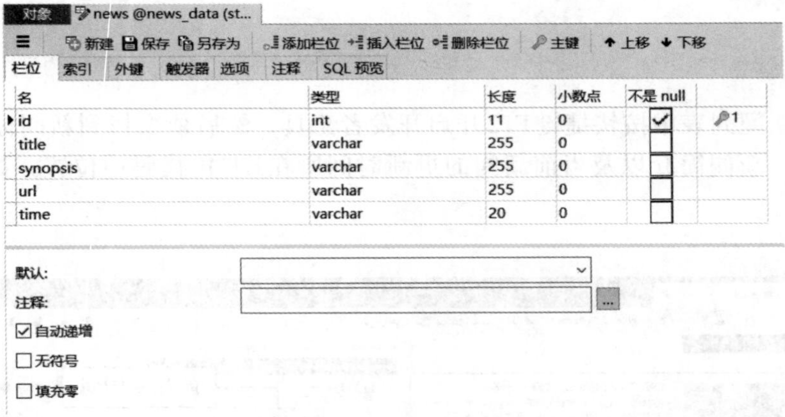

图16.8 "news"数据表结构

(3) 创建Scrapy项目

在指定路径下启动命令行窗口，然后通过"scrapy startproject distributed"命令，创建名称为"distributed"的项目结构，然后通过"cd distributed"命令打开项目文件夹，最后通过"scrapy genspider distributedSpider china.chinadaily.com.cn"命令创建一个distributedSpider.py爬虫文件。具体的执行步骤如图16.9所示。

图16.9 命令执行步骤

Scrapy项目创建完成以后，完整的项目结构如图16.10所示。

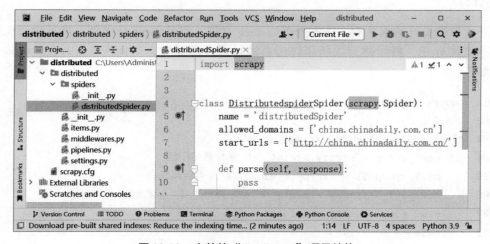

图16.10 完整的"distributed"项目结构

接下来，创建随机请求头。

① 打开middlewares.py文件，在该文件中首先导入fake-useragent模块中的UserAgent类，然后创建RandomHeaderMiddleware类，并通过__init__()函数进行类的初始化工作。代码如下：

```
01  from fake_useragent import UserAgent    # 导入请求头类
02  # 自定义随机请求头的中间件
03  class RandomHeaderMiddleware(object):
04      def __init__(self, crawler):
05          self.ua = UserAgent()    # 随机请求头对象
06          # 如果配置文件中不存在就使用默认的Google Chrome请求头
07          self.type = crawler.settings.get("RANDOM_UA_TYPE", "chrome")
```

② 重写from_crawler()方法，在该方法中将cls实例对象返回。代码如下：

```
01  @classmethod
02  def from_crawler(cls, crawler):
03      # 返回cls()实例对象
04      return cls(crawler)
```

③ 重写process_request()方法,在该方法中实现设置随机生成的请求头信息。代码如下:

```
01  # 发送网络请求时调用该方法
02  def process_request(self, request, spider):
03      # 设置随机生成的请求头
04      request.headers.setdefault('User-Agent',getattr(self.ua, self.type))
```

在准备好请求头后,还需要编写items文件。打开items.py文件,然后编写保存新闻标题、新闻简介、新闻详情页地址以及新闻发布时间的item对象。代码如下:

```
01  import scrapy
02
03  class DistributedItem(scrapy.Item):
04      news_title = scrapy.Field()    # 保存新闻标题
05      news_synopsis = scrapy.Field()  # 保存新闻简介
06      news_url = scrapy.Field()       # 保存新闻详情页面的地址
07      news_time = scrapy.Field()      # 保存新闻发布时间
08      pass
```

然后编写pipelines文件,具体步骤如下。

① 打开pipelines.py文件,在该文件中首先导入pymysql数据库操作模块,然后通过__init__()方法初始化数据库参数。代码如下:

```
01  import pymysql                     # 导入数据库连接pymysql模块
02
03  class DistributedPipeline(object):
04      # 初始化数据库参数
05      def __init__(self,host,database,user,password,port):
06          self.host = host
07          self.database = database
08          self.user = user
09          self.password = password
10          self.port = port
```

② 重写from_crawler()方法，在该方法中返回通过crawler获取的配置文件中数据库参数的cls()实例对象。代码如下：

```
01  @classmethod
02  def from_crawler(cls,crawler):
03      # 返回cls()实例对象，其中包含通过crawler获取配置文件中的数据库参数
04      return cls(
05          host=crawler.settings.get('SQL_HOST'),
06          user=crawler.settings.get('SQL_USER'),
07          password=crawler.settings.get('SQL_PASSWORD'),
08          database = crawler.settings.get('SQL_DATABASE'),
09          port = crawler.settings.get('SQL_PORT')
10      )
```

③ 重写open_spider()方法，在该方法中实现启动爬虫时进行数据库的连接，以及创建数据库操作游标。代码如下：

```
01  # 打开爬虫时调用
02  def open_spider(self, spider):
03      # 数据库连接
04      self.db = pymysql.connect(self.host,self.user,self.password,self.database,self.port,charset='utf8')
05      self.cursor = self.db.cursor()        #创建游标
```

④ 重写close_spider()方法，在该方法中实现关闭爬虫时关闭数据库的连接。代码如下：

```
01  # 关闭爬虫时调用
02  def close_spider(self, spider):
03      self.db.close()
```

⑤ 重写process_item()方法，在该方法中首先将item对象转换为字典类型的数据，然后将四列数据插入数据库当中，最后提交并返回item。代码如下：

```
01  def process_item(self, item, spider):
02      data = dict(item)  # 将item转换成字典类型
03      # sql语句
04      sql = 'insert into news (title,synopsis,url,time) values(%s,%s,%s,%s)'
05      # 执行插入多条数据
06      self.cursor.executemany(sql, [(data['news_title'], data['news_synopsis'],data['news_url'],data['news_time'])])
07      self.db.commit()    # 提交
```

```
08      return item       # 返回item
```

至此，还需要编写spider文件，具体步骤如下。

① 打开distributedSpider.py文件，首先导入Item对象，然后重写start_requests()方法，通过for循环实现新闻列表前100页的网络请求。代码如下：

```
01  # -*- coding: utf-8 -*-
02  import scrapy
03  from distributed.items import DistributedItem    # 导入Item对象
04  class DistributedspiderSpider(scrapy.Spider):
05      name = 'distributedSpider'
06      allowed_domains = ['china.chinadaily.com.cn']
07      start_urls = ['http://china.chinadaily.com.cn/']
08      # 发送网络请求
09      def start_requests(self):
10          for i in range(1,101):     # 由于新闻网页共计100页，所以循环执行100次
11              # 拼接请求地址
12              url = self.start_urls[0] + '5bd5639ca3101a87ca8ff636/page_{page}.html'.format(page=i)
13              # 执行请求
14              yield scrapy.Request(url=url,callback=self.parse)
```

② 在parse()方法中，首先创建Item实例对象，然后通过CSS选择器获取单页新闻列表中的所有新闻内容，然后使用for循环将提取的信息逐个添加至item当中。代码如下：

```
01  # 处理请求结果
02  def parse(self, response):
03      item = DistributedItem()                 # 创建Item对象
04      all = response.css('.busBox3')           # 获取每页所有新闻内容
05      for i in all:                            # 循环遍历每页中每条新闻
06          title = i.css('h3 a::text').get()    # 获取每条新闻标题
07          synopsis = i.css('p::text').get()    # 获取每条新闻简介
08          url = 'http:'+i.css('h3 a::attr(href)').get()      # 获取每条新闻详情页地址
09          time_ = i.css('p b::text').get()     # 获取新闻发布时间
10          item['news_title'] = title           # 将新闻标题添加至Item
11          item['news_synopsis'] = synopsis     # 将新闻简介内容添加至Item
12          item['news_url'] = url               # 将新闻详情页地址添加至Item
13          item['news_time'] = time_            # 将新闻发布时间添加至
```

```
Item
14          yield item    # 打印Item信息
15      pass
```

③ 导入CrawlerProcess类与获取项目配置信息的函数，创建程序入口实现爬虫的启动。代码如下：

```
01  # 导入CrawlerProcess类
02  from scrapy.crawler import CrawlerProcess
03  # 导入获取项目配置信息
04  from scrapy.utils.project import get_project_settings
05
06  # 程序入口
07  if __name__=='__main__':
08      # 创建CrawlerProcess类对象并传入项目设置信息参数
09      process = CrawlerProcess(get_project_settings())
10      # 设置需要启动的爬虫名称
11      process.crawl('distributedSpider')
12      # 启动爬虫
13      process.start()
```

最后，编写配置文件。打开settings.py文件，在该文件中对整个分布式爬虫项目进行配置。具体的配置代码如下：

```
01  BOT_NAME = 'distributed'
02
03  SPIDER_MODULES = ['distributed.spiders']
04  NEWSPIDER_MODULE = 'distributed.spiders'
05
06  # Obey robots.txt rules
07  ROBOTSTXT_OBEY = True
08
09  # 启用Redis调度存储请求队列
10  SCHEDULER = 'scrapy_redis.scheduler.Scheduler'
11  #确保所有爬虫通过Redis共享相同的重复筛选器
12  DUPEFILTER_CLASS = 'scrapy_redis.dupefilter.RFPDupeFilter'
13  #不清理Redis队列，允许暂停/恢复爬虫
14  SCHEDULER_PERSIST =True
15  #使用默认的优先级队列调度请求
16  SCHEDULER_QUEUE_CLASS ='scrapy_redis.queue.PriorityQueue'
```

```
17  REDIS_URL ='redis://localhost:6379'        # Redis 数据库连接地址
18  DOWNLOADER_MIDDLEWARES = {
19      # 启动自定义随机请求头中间件
20      'distributed.middlewares.RandomHeaderMiddleware': 200,
21      # 'distributed.middlewares.DistributedDownloaderMiddleware': 543,
22  }
23  # 配置请求头类型为随机,此处还可以设置为ie、firefox以及chrome
24  RANDOM_UA_TYPE = "random"
25  ITEM_PIPELINES = {
26      'distributed.pipelines.DistributedPipeline': 300,
27      'scrapy_redis.pipelines.RedisPipeline':400
28  }
29  # 配置数据库连接信息
30  SQL_HOST = 'localhost'           # MySql 数据库地址
31  SQL_USER = 'root'                # 用户名
32  SQL_PASSWORD='root'              # 密码
33  SQL_DATABASE = 'news_data'       # 数据库名称
34  SQL_PORT = 3306                  # 端口
```

注意 以上配置文件中的 Redis 与 MySql 数据库地址默认设置为本地连接,如果实现多台计算机共同启动分布式爬虫时,需要将默认的 localhost 修改为数据库的服务器地址。

(4)启动分布式爬虫

分布式爬虫在启动前,需要将Redis(任务列队)与MySql(保存爬取数据)数据库布置好,可以将数据库配置在服务器上,也可以配置在某台计算机上。然后将写好的爬虫程序分别在多台计算机上同时启动,并需要将每个爬虫中settings.py文件内的数据库连接地址,设置为数据库所在的(服务器或计算机的)固定地址。分布式爬虫的实现方式如图16.11所示。

以将 Redis 与 MySql 数据库配置在某台 Windows 系统的计算机中为例,实现分布式爬虫的具体步骤如下。

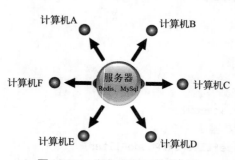

图16.11 分布式爬虫实现方式

① 在命令行窗口中通过"ipconfig"命令,获取 Redis 与 MySql 所在计算机的ip地址。如图16.12所示。

第 16 章 Scrapy-Redis 分布式爬虫

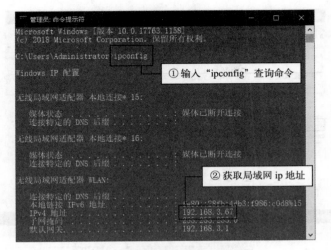

图 16.12 获取局域网 ip 地址

② Redis 数据库在默认的情况下是不允许其他计算机进行访问的，需要在 Redis 安装目录下找到 "redis.windows-service.conf" 文件，文件位置如图 16.13 所示。

图 16.13 Redis 配置文件位置

③ 将图 16.13 中的 "redis.windows-service.conf" 文件以 "记事本" 的方式打开，然后将文件中默认绑定的 ip 地址注释，并添加为计算机当前的 ip 地址，最后进行文件的保存，如图 16.14 所示。

④ 在 Redis 数据库所在的计算机中，重新启动 Redis 服务，如图 16.15 所示。

⑤ 打开 "RedisDesktopManager" Redis 数据库管理工具，然后通过 "192.168.3.67"（redis.windows-service.conf 文件中所绑定的）ip 地址，测试 Redis 数据库连接是否成功，如图 16.16 所示。

273

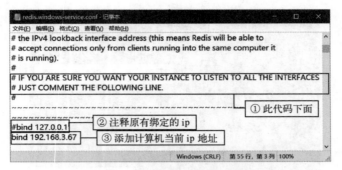

图16.14 绑定远程连接的ip地址

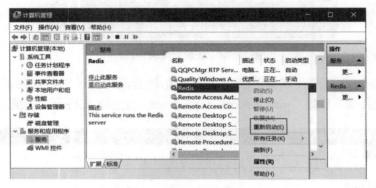

图16.15 重新启动Redis服务

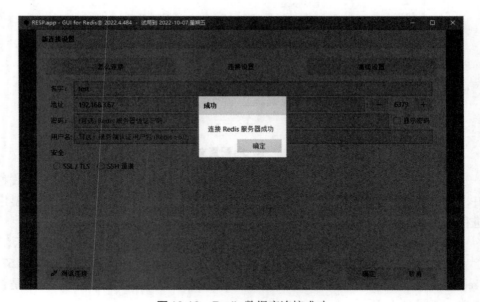

图16.16 Redis数据库连接成功

⑥ Redis数据库实现了远程连接后，接下来需要实现MySql数据库的远程连接，首先打开"MySql Command Line Client"窗口，然后输入数据库连接密码，接着依次输入"use mysql;"回车、"update user set host = '%' where user = 'root';"回车、"flush privileges;"回车，具体操作步骤如图16.17所示。

图16.17　允许所有远程访问

⑦ 测试"192.168.3.67"ip是否可以正常连接MySql数据库，如图16.18所示。

图16.18　测试MySql远程连接的ip地址

⑧ 在计算机A与计算机B中，分别运行"distributed"分布式爬虫的项目源码，控制台中将显示不同的请求地址，如图16.19与图16.20所示。

```
2022-09-25 11:18:31 [scrapy.core.scraper] DEBUG: Scraped from <200 http://china
.chinadaily.com.cn/5bd5639ca3101a87ca8ff636/page_7.html>
```

图16.19　计算机A请求地址

```
2022-09-25 11:18:38 [scrapy.core.scraper] DEBUG: Scraped from <200 http://china
.chinadaily.com.cn/5bd5639ca3101a87ca8ff636/page_100.html>
```

图16.20　计算机B请求地址

说明　从图16.19与图16.20的请求地址中可以看出，两台计算机执行同样的爬虫程序，但发送的网络请求却是不同的，发挥出了分布式爬虫的特点，提高爬取效率但并不爬取相同数据。

⑨ 两台计算机分布式爬虫任务执行完成以后，打开"RedisDesktopManager"可视化工具，其中dupefilter中保存了已经判重后的网页URL地址，如图16.21所示，不过该URL数据是经过编码后写入到Redis数据库当中的。而items中则保存了网页中所爬取的数据，如图16.22所示。

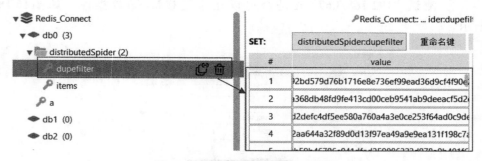

图16.21　判重后的网页URL地址

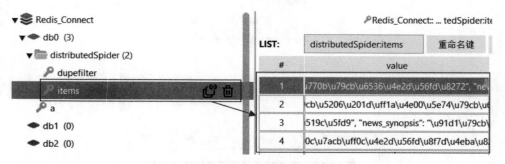

图16.22　网页中所爬取的数据

⑩ 打开MySql数据库可视化管理工具，打开“news_data”数据库中的“news”数据表，爬取的新闻数据如图16.23所示。

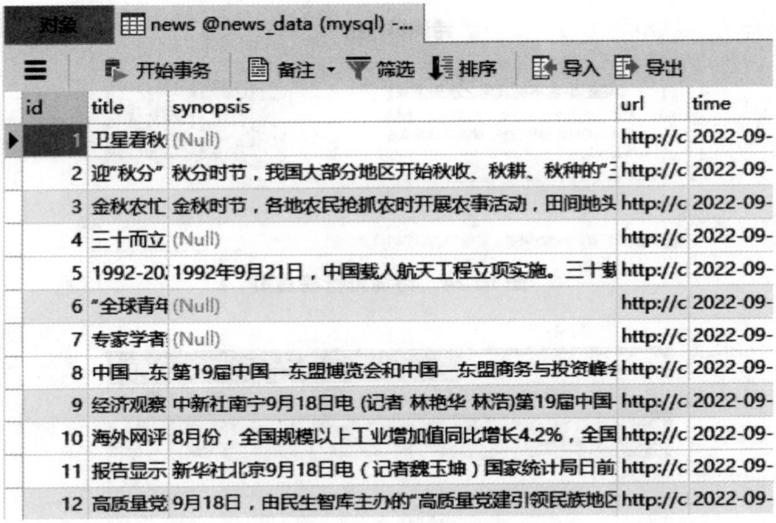

id	title	synopsis	url	time
1	卫星看秋	(Null)	http://c	2022-09-
2	迎"秋分"	秋分时节，我国大部分地区开始秋收、秋耕、秋种的"三	http://c	2022-09-
3	金秋农忙	金秋时节，各地农民抢抓农时开展农事活动，田间地头	http://c	2022-09-
4	三十而立	(Null)	http://c	2022-09-
5	1992-20;	1992年9月21日，中国载人航天工程立项实施。三十载	http://c	2022-09-
6	"全球青年	(Null)	http://c	2022-09-
7	专家学者	(Null)	http://c	2022-09-
8	中国—东	第19届中国—东盟博览会和中国—东盟商务与投资峰会	http://c	2022-09-
9	经济观察	中新社南宁9月18日电 (记者 林艳华 林浩)第19届中国-	http://c	2022-09-
10	海外网评	8月份，全国规模以上工业增加值同比增长4.2%，全国	http://c	2022-09-
11	报告显示	新华社北京9月18日电（记者魏玉坤）国家统计局日前	http://c	2022-09-
12	高质量党	9月18日，由民生智库主办的"高质量党建引领民族地区	http://c	2022-09-

图16.23　爬取的新闻数据

16.4　自定义分布式爬虫

实例16.2　使用自定义分布式爬取诗词排行榜

学习了Scrapy-Redis的分布式原理以后，可以发现只需要将已经发送过的网络请求地址保存在Redis数据库当中，Scrapy就不会再对Redis数据库中已经存在的请求地址发送第二次请求了，而是直接执行下一条网络请求。根据这样的规律即可使用Redis数据库与Scrapy爬虫框架实现一个自定义分布式爬虫。下面以爬取“诗词排行榜”为例，实现一个自定义的分布式爬虫，具体步骤如下。

① 打开“诗词排行榜”网页地址（http://www.shicimingju.com/paiming），如图16.24所示。

② 单击首页中的“全部”按钮，查看诗词排行榜的全部页码，如图16.25所示。

③ 在全部页码中选择最后一页（当前为100），然后观察请求地址是否有变化，如图16.26所示。

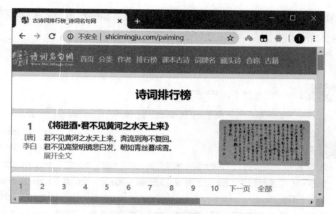

图 16.24　诗词排行榜首页

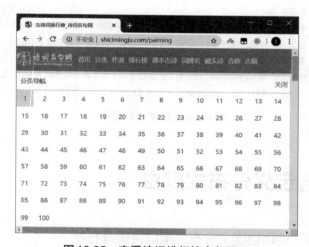

图 16.25　查看诗词排行榜全部页码

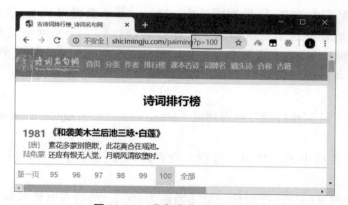

图 16.26　观察请求地址的变化

> **说明** 对比诗词排行榜首页与最后一页的网页地址，可以发现如下规律。

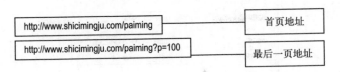

④ 根据以上规律，在首页地址尾部添加?p=1，测试是否可以正常访问首页中的诗词排行榜信息，确认结果如图16.27所示。

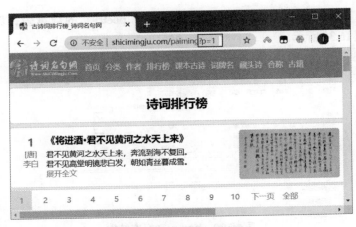

图16.27 确认首页结果

⑤ 在诗词排行榜首页，按下快捷键F12打开浏览器的开发者工具，确认诗词信息所在HTML代码中的位置，如图16.28所示。

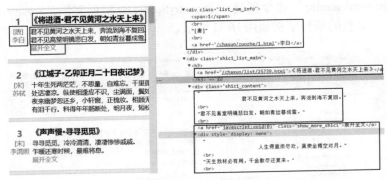

图16.28 确认诗词信息所在HTML代码中的位置

⑥ 在MySQL数据管理工具中，新建名称为"poetry_data"的数据库，具体参数如图16.29所示。

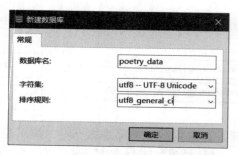

图 16.29　新建"poetry_data"数据库

⑦ 在"poetry_data"数据库中创建名称为"poetry"的数据表，数据表的具体结构如图 16.30 所示。

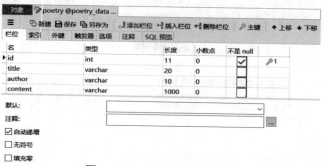

图 16.30　poetry 数据表结构

⑧ 在指定路径下启动命令行窗口，然后在命令行窗口中输入"scrapy startproject poetry"命令创建名称为 poetry 的 Scrapy 爬虫项目，然后输入"cd poetry"打开项目文件夹目录，最后输入"scrapy genspider poetrySpider www.shicimingju.com/paiming"命令创建一个 poetrySpider.py 爬虫文件。Scrapy 项目创建完成以后，完整的项目结构如图 16.31 所示。

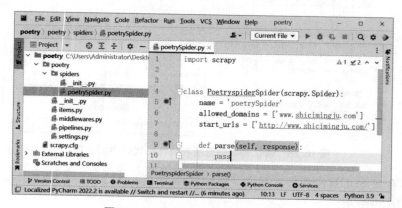

图 16.31　完整的"poetry"项目结构

⑨ 首先参考16.3.3节中的"（1）"，创建随机请求头的中间件，然后在items文件中创建用于保存诗词标题、诗词作者以及诗词内容的Item对象。代码如下：

```
01  import scrapy
02
03  class PoetryItem(scrapy.Item):
04      title = scrapy.Field()    # 保存诗词标题
05      author = scrapy.Field()   # 保存诗词作者
06      content = scrapy.Field()  # 保存诗词内容
07      pass
```

⑩ 首先参考16.3.3节中的"（3）"，创建项目管道中MySql数据库的相关操作，然后重写process_item()方法，在该方法中将所有爬取到的诗词数据插入MySql数据库当中。关键代码如下：

```
01  def process_item(self, item, spider):
02      data = dict(item)  # 将item转换成字典类型
03      # sql语句
04      sql = 'insert into poetry (title,author,content) values(%s,%s,%s)'
05      # 执行插入多条数据
06      self.cursor.executemany(sql, [(data['title'], data['author'], data['content'])])
07      self.db.commit()   # 提交
08      return item        # 返回item
```

⑪ 在poetrySpider.py文件中，导入需要使用的模块与类，然后重写start_requests()方法，在该方法中首先对Redis数据库进行连接，然后在for循环中判断Redis数据库中是否存在当前的请求地址，如果不存在就发送请求，否则进行提示。代码如下：

```
01  # -*- coding: utf-8 -*-
02  import scrapy
03
04  from poetry.items import PoetryItem       # 导入Item对象
05  from redis import Redis                    # 导入Redis对象
06  import re                                  # 导入正则表达式
07  class PoetryspiderSpider(scrapy.Spider):
08      name = 'poetrySpider'
09      allowed_domains = ['www.shicimingju.com/paiming']
10      start_urls = ['http://www.shicimingju.com/paiming/']
11      # 实现网络请求
12      def start_requests(self):
```

```
13              # 创建Redis链接对象
14              conn = Redis(host='自己的ip地址', port=6379)
15              for i in range(1, 101):     # 由于诗词排行榜网页共计100页, 所以循环执行100次
16                  # 拼接请求地址
17                  url = self.start_urls[0] + '?/p={page}'.format(page=i)
18                  add = conn.sadd('poetry_url', url)  # 添加请求地址
19                  if add==1:                                  # Redis中没有当前url, 就发送请求
20                      # 执行请求
21                      yield scrapy.Request(url=url, callback=self.parse)
22                  else:
23                      print('第',i,'页请求地址已存在无需请求!')
```

⑫ 重写parse()方法, 在该方法中首先创建Item对象, 然后将提取的数据添加至item当中, 最后使用yield打印Item信息。代码如下:

```
01  # 处理请求结果
02  def parse(self, response):
03      item = PoetryItem()    # 创建Item对象
04      shici_all=response.css('.card.shici_card')      # 获取每页所有诗词内容
05      for shici in shici_all:                         # 循环遍历每页中每个诗词
06          title= shici.css('h3 a::text').get()        # 获取诗词标题名称
07          author = shici.xpath('./div[@class="list_num_info"]')\
08              .xpath('string()').get()    # 获取作者
09          author = author.strip()         # 删除所有空格
10          content = shici.css('.shici_content').xpath('string()').getall()[0]
11          if '展开全文' in content:      # 判断诗词内容是否为展开全文模式
12              content=re.sub(' |展开全文|收起|\n','',content)
13          else:
14              content = re.sub(' |\n','',content)
15          item['title'] = title    # 将诗词标题名称添加至Item
16          item['author'] = author  # 将诗词作者添加至Item
17          item['content'] = content  # 将诗词内容添加至Item
18          yield item   # 打印Item信息
19      pass
```

⑬ 导入CrawlerProcess类与获取项目配置信息的函数, 创建程序入口实现爬虫的启动。代码如下:

```
01  # 导入CrawlerProcess类
02  from scrapy.crawler import CrawlerProcess
```

```
03  # 导入获取项目配置信息
04  from scrapy.utils.project import get_project_settings
05
06  # 程序入口
07  if __name__=='__main__':
08      # 创建CrawlerProcess类对象并传入项目设置信息参数
09      process = CrawlerProcess(get_project_settings())
10      # 设置需要启动的爬虫名称
11      process.crawl('poetrySpider')
12      # 启动爬虫
13      process.start()
```

⑭ 打开settings.py文件，在该文件中对整个分布式爬虫项目进行配置。具体的配置代码如下：

```
01  BOT_NAME = 'poetry'
02
03  SPIDER_MODULES = ['poetry.spiders']
04  NEWSPIDER_MODULE = 'poetry.spiders'
05
06  # Obey robots.txt rules
07  ROBOTSTXT_OBEY = True
08  DOWNLOADER_MIDDLEWARES = {
09      'poetry.middlewares.RandomHeaderMiddleware': 400,
10      'poetry.middlewares.PoetryDownloaderMiddleware': 543,
11  }
12
13  # 配置请求头类型为随机，此处还可以设置为ie、firefox以及chrome
14  RANDOM_UA_TYPE = "random"
15  ITEM_PIPELINES = {
16      'poetry.pipelines.PoetryPipeline': 300,
17  }
18
19  # 配置数据库连接信息
20  SQL_HOST = '自己电脑的ip地址'   # 数据库地址
21  SQL_USER = 'root'   # 用户名
22  SQL_PASSWORD = 'root'   # 密码
23  SQL_DATABASE = 'poetry_data'   # 数据库名称
24  SQL_PORT = 3306   # 端口
```

⑮ 在计算机A与计算机B中，分别运行"poetry"分布式爬虫的项目源码，当其中一台计算机发送已经请求过的url地址时，控制台将显示如图16.32所示的提示信息。

```
第 40 页请求地址已存在无需请求！
第 41 页请求地址已存在无需请求！
第 42 页请求地址已存在无需请求！
第 43 页请求地址已存在无需请求！
第 44 页请求地址已存在无需请求！
第 45 页请求地址已存在无需请求！
第 46 页请求地址已存在无需请求！
第 47 页请求地址已存在无需请求！
第 48 页请求地址已存在无需请求！
第 49 页请求地址已存在无需请求！
第 50 页请求地址已存在无需请求！
第 51 页请求地址已存在无需请求！
第 52 页请求地址已存在无需请求！
第 53 页请求地址已存在无需请求！
第 54 页请求地址已存在无需请求！
```

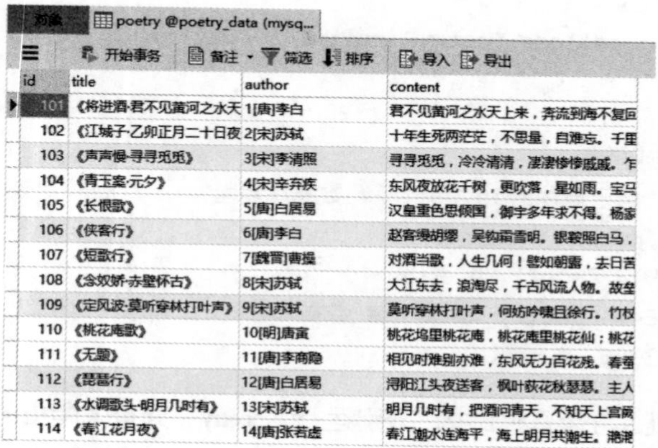

图 16.32　提示信息

数据爬取完成以后，Redis 数据库中保存的请求地址如图 16.33 所示。而 MySql 数据库中保存的爬取数据如图 16.34 所示。

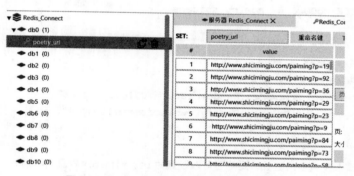

图 16.33　Redis 数据库中保存的请求地址

图 16.34　MySql 数据库中保存的爬取数据

第 16 章 Scrapy-Redis 分布式爬虫

本章知识思维导图

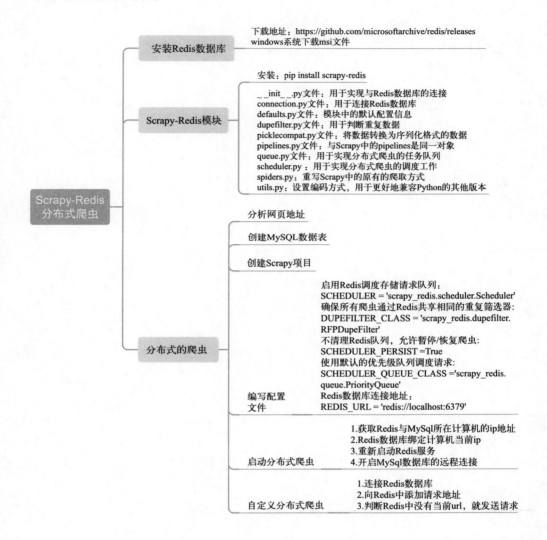